地球環境クライシス
II
― 持続可能な未来への挑戦 ―

高野拓樹 著

ムイスリ出版

はじめに

　「SDGs は達成できるのか？」今や街中で 17 個のカラフルなアイコンを目にする機会が増え、各種メディアでもこれに関する内容が報道されています。最近では初等教育から高等教育に至るまで学齢を問わず、SDGs は一度は取り上げられるテーマともなっています。「誰一人取り残さない」をスローガンとして、2030 年までに 17 の目標を達成しようというものですが、「SDGs は達成できるのか？」という問いに対して、明確に答えられる人は多くないでしょう。とりわけ、本書と関連の深い目標 13「気候変動に具体的な対策を」についてはどうでしょうか。この目標のなかにはさらに細かく気候変動とその影響を軽減するための 5 つのターゲットが設定されています。しかし、これらのターゲットをすべてクリアしても、地球の平均気温は今世紀半ばまで上昇し続けることは避けられない可能性が高いようです（IPCC 第 6 次評価報告書）。私たちは、これまで以上に日々の生活のなかで環境配慮活動を取り入れ、SDGs の達成に向けて努力し続ける必要があります。

　ところで、2015 年に国連から発表された SDGs ですが、これよりずいぶん以前から仏教の世界には「摂取不捨（せっしゅふしゃ）」という言葉があります。これは『観無量寿経』の聖句で「（阿弥陀仏は）この世に生きているものすべてを決して見捨てない」という意味です。また、京都の龍安寺にある蹲踞（つくばい）には『吾唯足知（吾唯足るを知る）』と刻まれています。自分にとって必要な分量を知り、それで満足することを知るということでしょう。このように、私たちは SDGs が発表される以前から、大切な概念を受け継いできているはずなのです。しかし、大量生産・大量消費・大量廃棄の時代にいつしかその概念を忘れてしまっていたのかもしれません。

　本書の前身となる「地球環境クライシスー未来へつなぐ命のバトンー」が 2016 年に刊行されてから 10 年が経過しました。この間、温暖化が進み、その影響によりわが国では夏の豪雨による甚大な被害が発生しました。ヨーロッパでは熱波により多くの人が命を落としています。絶滅危惧種や絶滅種も増えて続けています。一方、二酸化炭素排出削減や夏の電力を確保するとい

う理由から、現政府は原発再稼働を急いでいます。私たち人類の未来はどこへ向かおうとしているのでしょうか。

　本書は、前身の内容をさらに充実させるとともに、最新の情報を加えたものになっています。一般の方はもちろん、幼稚園から大学において環境教育に携わっておられる先生方、環境問題の入門を学ぶ方たちに読んでいただけるように、専門用語をできる限り丁寧に解説し、随所に図表を取り入れました。一人でも多くの方に手に取っていただけますと幸いです。

　なお、本書は京都光華女子大学学術刊行物出版助成を受けて出版されたことに感謝申し上げます。

2025 年 3 月
高野　拓樹

　本書の裏表紙にある写真は京都市右京区にある龍安寺に設置されている銭形の蹲踞です。中心の「口」を共用すれば「吾唯足知」（ワレタダタルヲシル）となります。

目 次

第1章　生命の誕生と、東洋と西洋の自然観 ･････････････ 1
1.1　地球の誕生　1
1.2　生命の誕生　2
1.3　海の中での進化　4
1.4　カンブリア爆発　6
1.5　大量絶滅　7
1.6　進化論と生物多様性からみる環境問題　8
1.7　東洋と西洋の自然観　9

第2章　地球沸騰時代の到来 ･････････････････････････ 11
2.1　確実に進行している地球温暖化　11
2.2　IPCC評価報告書　14
2.3　地球温暖化のメカニズム　16
2.4　地球温暖化の未来予測　18
2.5　京都議定書とポスト京都議定書　21
2.6　パリ協定後の各国の地球温暖化対策　26

第3章　生物多様性 ･････････････････････････････････ 29
3.1　生物多様性条約と生物多様性国家戦略　29
3.2　野生生物の絶滅　31
3.3　絶滅の原因　36
3.4　絶滅の連鎖　39
3.5　生物多様性の保全　40
3.6　ビオトープ　41

第4章　沈みゆく島 ･････････････････････････････････ 43
4.1　海水温の上昇　43
4.2　海面の上昇　44
4.3　太平洋島嶼国の海面上昇の現状　46

4.4 キリバス、ツバル国民の受け入れ　47
4.5 キリバスの実情　48
4.6 太平洋島嶼国の廃棄物処理問題　52

第5章　砂漠化の進行　55

5.1 砂漠化の進行　55
5.2 砂漠化の影響を受けやすい乾燥地域の分布　57
5.3 砂漠化の原因　58
5.4 黄砂被害の状況　59
5.5 PM2.5　61
5.6 砂漠化に対する国際的な取り組み　62
5.7 砂漠の緑化　62
5.8 日本沙漠緑化実践協会の取り組み　63

第6章　公害問題と有害物質　67

6.1 典型7公害　67
6.2 公害の歴史　68
6.3 日本の環境規制　72
6.4 世界に発信するEUの環境規制　76
6.5 有害物質の毒性　77
6.6 環境ホルモン　78
6.7 自然界の猛毒生物　81

第7章　リデュース・リユース・リサイクル（3R）　83

7.1 ごみの問題　83
7.2 ごみの歴史　86
7.3 廃棄物・リサイクルに関する法律　88
7.4 リデュース・リユース・リサイクル（3R）　90
7.5 廃棄物別にみるリサイクルの現状　91
7.6 拡大生産者責任　94
7.7 京都市のごみ減量に関する先進的な取り組み　95

第8章　海洋プラスチック汚染　　97

8.1　プラスチックの誕生と普及　97
8.2　プラスチックの生産量と消費量　98
8.3　プラスチックリサイクルの実際　100
8.4　海洋流出しているプラスチック量　102
8.5　マイクロプラスチックの影響　103
8.6　国内外のプラスチック対策　105

第9章　環境マネジメントシステム　　107

9.1　ISO（国際標準化機構）　107
9.2　環境側面と環境影響　109
9.3　EMSとPDCAサイクル　109
9.4　EMSが経営にもたらすメリット　114
9.5　EMSを取り入れた環境教育　114
9.6　その他のEMS　116

第10章　エネルギー問題　　119

10.1　世界と日本のエネルギー事情　119
10.2　原発事故　―電力会社と地域住民との裁判―　124
10.3　エネルギーの種類　126
10.4　エネルギーミックス　128
10.5　太陽光発電　129
10.6　太陽電池の仕組み　131
10.7　次世代型太陽電池　132

第11章　日本の森林　　133

11.1　森林の役割　133
11.2　林業の衰退　135
11.3　竹の生態と歴史　138
11.4　竹林の荒廃　140
11.5　竹林整備に向けた取り組み　142

11.6　森林フィールドワークによる環境教育　143

11.7　エコツーリズム　144

第12章　日本の野生生物　147

12.1　ホットスポット　147

12.2　日本の固有種・在来種の減少　149

12.3　増加する野生生物　150

12.4　野生生物保護に向けた取り組み　153

12.5　シカ被害対策　154

第13章　自動車業界の環境戦略　159

13.1　自動車業界の動向　159

13.2　エコカーとは　162

13.3　電気自動車は普及するのか？　165

13.4　燃料電池車（FCV）　167

13.5　自動車業界が目指す循環型社会　168

13.6　F1カーは究極のエコカーなのか？　169

第14章　コンポスト技術と持続可能な農法　171

14.1　自然界における有機物循環　171

14.2　コンポストの歴史　174

14.3　生ごみコンポスト　175

14.4　ミミズを使った生ごみコンポスト　177

14.5　落ち葉コンポスト　177

14.6　バイケミ農業の観点からの竹肥料　179

第15章　環境教育とSDGs　181

15.1　宗教精神と環境教育　181

15.2　環境教育カリキュラムの充実　182

15.3　屋上庭園「HIKARU－COURT」　184

15.4　学生による小学生への環境教育　185

15.5　学生による街頭ごみ容器の分別率向上　187

15.6　駅前広場の開発　188
15.7　VRを用いた環境・防災教育　190
15.8　環境教育とSDGs　192

参考文献 ……………………………………………… **197**
索　引 ………………………………………………… **211**

第1章

生命の誕生と、東洋と西洋の自然観

　地球は必ずしも生命にやさしい環境を提供してきたわけでない。厳しい環境に適応した生命だけがこの地球上で生活することを許されてきたのである。すなわち、生命は地球に生かされているといってもいいだろう。

　地球環境問題を学ぶ前に、本章では、まず、この地球がどのように誕生し、どのような課程を経ていまに至ったのかという地球の形成プロセスに迫る。そして、そこで生活する生命が、激変する地球環境においてどのように適応し淘汰されてきたのかという生命の進化について述べる。最後に、人類が引き起こした地球環境の変化による生命の危機と、東洋と西洋の自然観の違いについて概観する。

1.1　地球の誕生

　ビックバン理論によると、この宇宙は約 138 億年前に誕生したといわれている。そして、地球（ここでいう地球はいまの状態になる前の原始地球を指す）は原始太陽系円盤（太陽の周りにできる塵とガスからなる円盤）の中で何度も衝突と合体とを繰り返し、いまの形状と大きさになった。なお、地球の衛星である月は、この繰り返される衝突のなかで火星ほどの大きな隕石が衝突した際に、地球の一部がはぎ取られて形成されたとする学説がある。これをジャイアント・インパクトとよぶ（図 1.1）。

　地球に隕石が衝突すると、この莫大な衝突エネルギーは熱エネルギーとなり、地球の岩石が溶け始めてマグマオーシャン（マグマの海）ができた。このときの地球は太陽の表面に匹敵するほど高温化し、マグマオーシャンの深さ

は少なくとも数100kmはあったとされる。マグマオーシャンを形成する成分のうち、重い金属は海の底へと沈んでいき、地球のコアとなった。一方、マグマオーシャンから上空300kmのところに水蒸気が凝集して雲ができて雨が降ったが、地表の熱ですぐに蒸発していった。やがて、惑星衝突がおさまり、地球の表面温度が徐々に低下し雨が地上へ届くと、海が形成された。しかし、このときの状態は、いまの地球とは様子がかなり異なり、大気（原始大気という）成分は、メタン、アンモニア、二酸化炭素などの無機物であった。この無機物に太陽の光、紫外線、落雷などが作用して、生命を構成する基本物質であるアミノ酸や糖、核酸塩基などが合成された。

図1.1　ジャイアント・インパクトの想像画（出典：NASA作成）

1.2　生命の誕生

　生命が誕生したのは、地球が誕生した約46億年前から6億年たった約40億年前といわれている。当時の地球は紫外線が強く、生命が生存できるのは海の中だけであった。この海の中には、前述のアミノ酸や糖などが豊富に存在し、このような生命の源が漂う原始スープの中で生命を誕生させるための

化学反応が起こったと考えられている。やがて、核とタンパク質を薄い膜の中に収めて自己増殖を可能にするものが現れ、生命として誕生したといわれている。そして、この生命の基本構造はいまの生命にも受け継がれているのである。最初の生命がこのように地球の海で誕生したものなのか、宇宙から隕石に乗ってやってきたものが海に落ちたのかはわからないが、いずれにしろ生命が地球の海で誕生したことは確かである。

　なお、広い海の中でも、生命の誕生に必要なエネルギーの観点からすると、最初の生命が誕生した場所は、エネルギーが十分にあったとされる海底熱水噴出孔（図1.2）や隕石の落下地点と考えられている。このような場所には硫化水素や二酸化炭素が豊富に存在し、生命はこれらの物質を自らのエネルギーとして還元した。現在でも、海底熱水噴出孔にある黒い煙のような熱水を噴出する環境では、硫化水素を還元してエネルギーを得ている原始的なバクテリアが存在している。一見すると絶対に生命など存在しないであろう環境でも、原始的な生物がいまでも昔と同じ生活を続けているのである。

図1.2　沖縄県久米島沖の海底熱水噴出口

（出典：JOGMEC　独立行政法人　エネルギー・金属鉱物資源機構）

1.3 海の中での進化

　地球上に存在した初期の生物は、核をもたない原核生物であった。この生物は数億年の間ほとんど進化をせず、海の中で自然に合成された有機物を取り込んで生命を維持していた。また、このときの生物は嫌気呼吸、すなわち酸素を使わずに呼吸をしていた。しかし、海の中の有機物にも限りがあり、自分で栄養を作り出す必要がでてきた。そこで、約27億年前に光を使用することによって栄養となる有機物を作り出すことができるシアノバクテリア（藍藻類）が誕生した。

　シアノバクテリアは光合成によって有機物を作り出す際に水素を必要とし、その水素は水を分解して酸素を放出した。このように、水と光を使って自分で生命維持に必要なエネルギーを作り出すことができたため、シアノバクテリアの活動領域は一気に拡大していった。シアノバクテリアの直接の子孫にあたるストロマトライト（図1.3）は、現在でもオーストラリアの西海岸のハメリンプールとよばれる浅い海で生息している。

図1.3　オーストラリアシェルビーチに群生するシアノバクテリアの直接の子孫にあたるストロマトライト（出典：Tourism Western Australia Library）

27億年前になると、地球環境に大きな変化が現れた。鉄やニッケルでできた地球内部の核がゆっくりと流動しはじめ、地球がひとつの磁石になったかのごとく磁気を放出することによって磁気バリアができた。これまで太陽風として地球に降り注いでいた生命に有害な荷電粒子（おもに陽子と電子）は、この磁気バリアによって遮られるようになった。このとき、地球上には依然として強い紫外線が降り注いでいたため、生命が陸上に出ることは許されなかったが、磁気バリアのおかげでシアノバクテリアは荷電粒子の届かない比較的浅い海まで進出できるようになった。このように、磁気バリアの発生により、シアノバクテリアの活動エリアはさらに拡大し、地球の酸素濃度は一気に上昇していったといわれている。

　シアノバクテリアが酸素を作るようになると、やがて酸素を利用して呼吸をする生命も誕生する。また、これまで核をもたなかった原核生物が長い年月をかけて進化し、約15億年前、ついに核をもった生物、真核生物が誕生する。さらに、約10億年前には多細胞生物が誕生することになる。原始真核生物（初期の頃の真核生物）は酸素のない状態で生活していたため、この生物にとっては、酸素濃度の上昇は脅威であったに違いない。酸素は、いまでこそ地球の生命にとってなくてはならないものだが、当時の地球の生命にとっては、酸素の発生はとんでもない環境の変化であったであろう。

　このような状況のなか、酸素を利用してエネルギーを作り出す細菌が誕生し、酸素が苦手な原始真核生物は、この細菌を取り込み、共生することによって酸素を利用できるように進化した。これまで有害であった酸素をエネルギーに変える能力を獲得し、クラゲや海藻のような簡単な体をもつ生命へと進化したのである。そして、約6億年前になると、地球上で増え続けていた酸素が強力な紫外線によりオゾンへと変化しオゾン層が形成された。これにより、有害な紫外線が地球上へ届かなくなり、生命が地上に進出する環境が整ったのである。

1.4 カンブリア爆発

約5億4,200万年前になると、より複雑な体をもつ生物が現れ、生物の種類と数が爆発的に増加し、今日見られる動物の「門（生物の体制）」が出そろったとされる学説がある。これをカンブリア爆発という。

表1.1 地球の歴史

（出典：「恐竜・大昔の生き物」真鍋真らから筆者作成）

時代		時期	出来事
先カンブリア時代		約46億年前	地球誕生
		約40億年前	生命誕生
		約27億年前	シアノバクテリア出現、光合成開始
古生代	カンブリア紀	5億4300万年前〜4億9000万年前	カンブリア爆発
	オルドビス紀	4億9000万年前〜4億4300万年前	魚類の出現 ①オルドビス紀末の大量絶滅
	シルル紀	4億4300万年前〜4億1700万年前	植物の上陸 節足動物の上陸
	デボン紀	4億1700万年前〜3億5400万年前	魚類の繁栄、森林の出現、最古の昆虫の出現、魚類の上陸と両生類への進化 ②デボン紀後期の大量絶滅
	石炭紀	3億5400万年前〜2億9000万年前	大森林の形成、爬虫類の出現
	ペルム紀	2億9000万年前〜2億4800万年前	③ペルム紀の大量絶滅
─ P-T境界 ─			
中世代	三畳紀	2億4800万年前〜2億600万年前	恐竜・魚竜・翼竜の出現 ④三畳紀末の大量絶滅
	ジュラ紀	2億600万年前〜1億4400万年前	シダ類・裸子植物の繁栄、恐竜の巨大化、鳥類の出現
	白亜紀	1億4400万年前〜6500万年前	恐竜・翼竜の繁栄、被子植物の出現 ⑤白亜紀末の大絶滅
─ K-T境界 ─			
新生代	第三紀	6500万年前〜180万年前	氷河期の到来、人類の出現
	第四紀	180万年前〜現代	人類の繁栄、核実験、環境問題 環境破壊による大量絶滅！？

カンブリア爆発の原因として、8〜6億年前に起こったスノーボールアース（雪球地球）が間接的に関係しているといわれている。約10億年前に出現した多細胞生物は、スノーボールアースの間、海底熱水噴出孔の周辺で生命を維持していた。また、このときの多細胞生物は原口（げんこう）（生物学的には消化管の最初の口）を獲得し、強力な捕食能力を有していた。スノーボールアースの間、地理的に隔離されたエリアでどのように他生物を捕食するか、どのように捕食から逃れるかの相互作用から多細胞生物は多様性を形成したと考えられている。

ガラパゴス諸島やオーストラリア大陸のように地理的に隔離されたエリアは、生命に大きな進化をもたらすのである。このカンブリア爆発を起点として、生命の歴史は大きく3つの「代」と11の「紀」に分けられる（表 1.1）。それぞれの時代に生息した生物の種類は大きく異なる。さらに、地球の長い歴史のなかで5回にわたって大量絶滅が起こり、多くの生命が死滅した。

1.5 大量絶滅

大量絶滅とは、ある時期に多くの種類の生物が同時に絶滅することを指し、特に大規模で起こった5つの絶滅（オルドビス紀大量絶滅、デボン紀大量絶滅、ペルム紀大量絶滅、三畳紀大量絶滅、白亜紀大量絶滅）をまとめて、ビッグファイブとよばれている。

大量絶滅の原因には、P-T 境界（古生代と中生代の境目）で起きた大陸の形成と分裂による大規模火山活動による環境変化や、K-T 境界（中生代と新生代の境目）で起きた巨大隕石の衝突が有力視されているが、生物種に大きなダメージを与えるいくつかの要因が重なったとき、大量絶滅は起こるといわれており、大量絶滅の原因を特定のひとつに定めることは難しい。

アメリカ自然史博物館の発表によると、7割の生物学者が現在、大量絶滅の状況にあるとみており、その速度は地球史上最大で通常の1000倍に達しているとしている[1,2]。しかも、その原因はこれまでのビッグファイブとは異なり、地球温暖化やオゾン層破壊などの人為的な環境問題に起因するものである。実際に、1〜3℃の気温上昇によって絶滅危機にさらされる野生生物は世界全

体の野生生物種の 30%にのぼるとみられており、4°C以上の上昇の場合は、40%以上になると予想されている。

1.6 進化論と生物多様性からみる環境問題

　『種の起源』[3)]は、イギリスの自然科学者チャールズ・ダーウィンによって1859年に発表された進化論についての著作である。ダーウィンは、イギリス海軍の測量船ビーグル号に乗り、途中立ち寄ったガラパゴス諸島で、ゾウガメの甲羅の形状が島ごとに異なることを発見し、進化論の着想を得た。種の起源のなかで、彼は自然選択（自然淘汰）によって生物はつねに環境に適応できるように進化したとし、進化は下等なものから高等なものへといった直線的な変化ではなく、共通の祖先から系統が分かれて多様な生物を生む歴史であることをさまざまな証拠をあげて、この進化論を仮説から理論にまで高めたのである。そして、現在の生物多様性は長い歴史の進化のなかで作り出されたものである。

　ここまで述べてきたように、生物の進化と多様性には、生物が生息する環境が大きく関係している。生物は与えられた環境に順応するように進化し、その環境に順応できないものは絶滅（自然淘汰）してきたのである。そして、いまの地球上にみられるように、異なる環境には異なる生物が生息しており、地域ごとの種数や種構成の違いに反映されているのである。たとえば、一般に暖かい地域ほど種数は多くなり、寒い地域ほど少ない。これは、野生生物の場合、体温を保持するために余計なエネルギーを使いたくないからである。そして、寒い地域に適応できた種は、体温が保持できるように大型化した種もある（ベルクマンの法則）。

　クマの種類では、熱帯に生息するマレーグマは体長140cmと最も小型であるのに対し、ホッキョクグマは体長200〜300cmもある。日本国内のシカからも明らかなように、北海道のエゾシカは最大であり、沖縄のケラマジカは最も小柄である。このように、長い歴史からみる地球の自然発生的な環境変化は生物を進化させ、現在の奇跡的な多様性のバランスを生み出した。しかし、今日にみる人為的な地球規模の環境問題による環境変化は、われわれ人

類を含む生命すべてにとって明るい未来を約束するものではない。

1.7 東洋と西洋の自然観 [4)]

「生めよ、ふえよ、地に満ちよ、地を従わせよ。また海の魚と空の鳥と、地に動くすべての生き物とを治めよ」、これは旧約聖書の創世記Ⅰ,28 に記載されている文言である。西洋文明の自然科学の文化圏のなかで生まれた宗教的思想であるが、「自然は人間の支配の対象」という世界観は、自然破壊の原因として非難されることもしばしばある。

一方、「諸天、人民、蠕動(ぜんどう)の類、みな慈恩(じおん)を蒙りて憂苦を解脱す」、これは、大乗仏教の経典である無量寿経(むりょうじゅきょう)の巻下聖典 63 頁に書かれているもので、天人や人びとをはじめ小さな虫などに至るまで、みな慈悲によって煩悩を離れることができるという意味である。仏教には「衆生(しゅじょう)」という概念があり、これは命のあるものすべてを指す。つまり、東洋の自然観は、生命はみな平等という考えであり、支配の対象とする西洋の自然感とは大きく異なる。

また、「朝顔に釣瓶とられてもらひ水」という句がある。作者の加賀千代女は江戸中期に活躍した女流俳人であり、この句は彼女の代表作ともなっている。水を汲もうとすると、井戸のつるべにアサガオの蔓が絡んでいた。美しく咲くアサガオを切ってしまう気にはなれず、「アサガオにつるべを取られてしまった」と思い、隣家の井戸で水を汲ませてもらったという意味である。

このような東西の自然観を意識すると、気候変動や生物多様性などの環境問題を学ぶ際に、また違った観点が見えてくるかもしれない。

第2章

地球沸騰化時代の到来

　地球温暖化はいまや人類が解決すべき重大な問題と考えられているが、われわれの目に直接見えるものではない。グテーレス国連事務総長の発言にあった「地球沸騰化時代の到来」を迎え、世界中で起きている悲惨な状況についてメディアを通じて見ることはあっても、温暖化を自分の問題としてとらえることは難しいだろう。この重大な問題を解決するためには、われわれが温暖化の状況について正確な知識をもつことが重要である。

　本章では、まず、地球温暖化のメカニズムを理解したうえで、大気中の二酸化炭素濃度の経年変化や主要国の排出割合を概観する。次に、このままの状況が続くことによる地球の未来について、IPCC（気候変動に関する政府間パネル）の予測をもとに考察する。最後に、パリ協定をはじめとする、地球温暖化防止に対する国際的な取り組みについて紹介する。

2.1　確実に進行している地球温暖化

　地球温暖化とは、大気中の温室効果ガス（GHG：Greenhouse Gas、地球に温室効果をもたらす気体の総称）の濃度が高くなることにより、地球表面付近の温度が上昇することを意味する。温室効果ガスの代表ともいえるCO_2（二酸化炭素）は、大気中の濃度や排出量がもっとも多いため、地球温暖化の大きな原因となる（表2.1）。

　実際に、産業革命以前のCO_2濃度は280ppm（1ppm = 0.0001%）程度であったが、産業革命以降の化石燃料（石油、石炭、天然ガスなど）の大量消費に

より、2016年には400ppmを超え、産業革命前比で49%増となっている。この濃度は65万年前から18世紀中頃までの自然変動の範囲（180～300ppm）を大きく上回る数値である。図2.1に近年の大気中のCO_2濃度の経年変化を示す。

表 2.1　温室効果ガスの特徴
国連気候変動枠組条約と京都議定書で取り扱われる温室効果ガス

（出典：全国地球温暖化防止活動推進センターウェブサイト（https://www.jccca.org/））

温室効果ガス	地球温暖化係数※	性 質	用途、排出源
二酸化炭素 CO_2	1	代表的な温室効果ガス	化石燃料の燃焼など
メタン CH_4	25	天然ガスの主成分で、常温で気体。よく燃える	稲作、家畜の腸内発酵、廃棄物の埋め立てなど
一酸化二窒素 N_2O	298	数ある窒素酸化物の中で最も安定した物質。他の窒素酸化物（例えば二酸化窒素）などのような害はない	燃料の燃焼、工業プロセスなど
ハイドロフルオロカーボン類 HFCs	1,430 など	塩素がなく、オゾン層を破壊しないフロン。強力な温室効果ガス	スプレー、エアコンや冷蔵庫などの冷媒、化学物質の製造プロセス、建物の断熱材など
パーフルオロカーボン類 PFCs	7,390 など	炭素とフッ素だけからなるフロン。強力な温室効果ガス	半導体の製造プロセスなど
六フッ化硫黄 SF_6	22,800	硫黄とフッ素だけからなるフロンの仲間。強力な温室効果ガス	電気の絶縁体など
三フッ化窒素 NF_3	17,200	窒素とフッ素だけからなるフロンの仲間。強力な温室効果ガス	半導体の製造プロセスなど

※京都議定書第二約束期間における値
　参考文献：3R・低炭素社会検定公式テキスト第2版、温室効果ガスインベントリオフィス

なお、CO_2 に次いで温暖化への寄与度の大きいメタン（CH_4）についても、産業革命前比で 150%増となっている。CH_4 の主要発生源は、農業および廃棄物管理、化石燃料の生産と消費などの人間活動である[1]。今後、世界が環境に配慮しない経済重視の活動を続けた場合、2100 年には 1850〜1900 年を基準として、平均気温は 5.7℃上昇するといわれている。

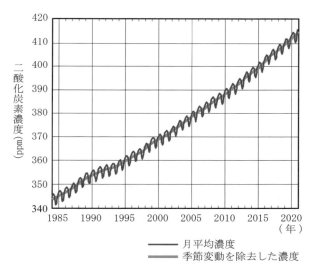

図 2.1 地球全体の二酸化炭素濃度の経年変化

（出典：全国地球温暖化防止活動推進センターウェブサイト（https://www.jccca.org/））

国別の CO_2 排出割合を見てみると、図 2.2 に示すように、最も排出量の多い中国が 32.0%、次いでアメリカが 13.7%、そしてインド、ロシア、日本と続く。中国とアメリカだけで、世界の CO_2 総排出量の 45%以上も占めていることになる。また、国別の国民一人あたりの排出量が最も多い国はアメリカ（13.7 トン/人）となっている。

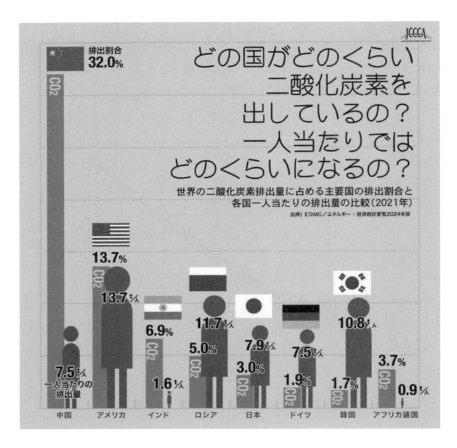

**図 2.2 世界の二酸化炭素排出量に占める主要国の排出割合と
各国の一人あたりの排出量の比較(2020 年)**
(出典:全国地球温暖化防止活動推進センターウェブサイト (https://www.jccca.org/))

2.2 IPCC 評価報告書

　IPCC (Intergovernmental Panel on Climate Change、気候変動に関する政府間パネル) とは、国際的な専門家でつくる地球温暖化についての科学的な研究の収集、整理のための政府間機構であり、数年に一度、報告書を発表している。1990 年に最初に発表された第 1 次報告書では、温暖化と人間活動との

関係について、「気温上昇を生じさせるだろう」という表現に留まっていたが、2021年に発表された第6次報告書では「疑う余地がない」という断定的な表現になっている（表2.2）。

表2.2　これまでのIPCC評価報告書における表現の変化
（出典：全国地球温暖化防止活動推進センターウェブサイト（https://www.jccca.org/））

第1次報告書	1990年	**「気温上昇を生じさせるだろう」** 人為起源の温室効果ガスは気候変動を生じさせる恐れがある。
第2次報告書	1995年	**「影響が全地球の気候に表れている」** 識別可能な人為的影響が全地球の気候に表れている。
第3次報告書	2001年	**「可能性が高い」（66％以上）** 過去50年に観測された温暖化の大部分は、温室効果ガス濃度の増加によるものだった可能性が高い。
第4次報告書	2007年	**「可能性が非常に高い」（90％以上）** 温暖化には疑う余地がない。20世紀半ば以降の温暖化のほとんどは人為起源の温室効果ガス濃度の増加による可能性が非常に高い。
第5次報告書	2013年	**「可能性が極めて高い」（95％以上）** 温暖化には疑う余地がない。20世紀半ば以降の温暖化の主な要因は人間活動の可能性が極めて高い。
第6次報告書	2021年	**「疑う余地がない」** 人間の影響が大気・海洋および陸域を温暖化させてきたことには疑う余地がない。

（出典）IPCC第6次評価報告書

　IPCC第6次報告書では、世界の平均気温は産業革命前からすでに1.1℃上昇しており、2030年代には1.5℃に達する可能性が高いことを指摘している。

この「1.5°C」は科学的に非常に重要な指標であり、温暖化防止の国際協定である「パリ協定」（後述）でも、平均気温の上昇を産業革命前と比べ1.5°Cに抑えることを目標に掲げている。

しかし、現在までに世界各国が示している温室効果ガスの排出削減目標を全部合わせても、この1.5°Cの目標を達成するには不足しているのが現状である。目標を達成するには、2035年までに温室効果ガスの排出量を60%削減（2019年比）することが必要とされている。また、温暖化により取り返しのつかない被害が増加しているとし、2020年から2030年の10年間に、洪水や干ばつ、嵐による死亡が、これらの自然災害に対して脆弱な地域では他地域に比べて15倍にも達する可能性を示している[2]。

2.3 地球温暖化のメカニズム

地球に降り注ぐ太陽からのエネルギーのうち、約30%は雲などによって反射され宇宙空間に放出されるが、残りの約70%は地上に到達する。太陽からのエネルギーを吸収した地表からは赤外線が放出され、そのほとんどは宇宙空間に再び放出される。しかし、一部は大気中の水蒸気やCO_2によって吸収されて地球を温める。これが温室効果である。この温室効果によって地球表面の平均気温は約14°Cに保たれている。もし地球上に温室効果ガスがなかったとすると、平均気温はマイナス19°Cにまで下がってしまう。すなわち、わずかに存在している温室効果ガスによって33°Cも平均気温を上げていることになる。その結果、動植物の生存に適した環境を維持できているのである。

排出されたCO_2は、通常、森林や海洋によって吸収される。しかし、これらの自然に吸収される量よりも人間が排出する量の方がはるかに多いため、CO_2の量が増え続け、地球温暖化を引き起こしているのである。

国際エネルギー機関(IEA)によると、2022年のCO_2排出量は前年から0.9%増加し、368億トンと史上最高値を記録したが、排出量の伸び率は再生可能エネルギーの導入などにより緩やかであった[3]。しかし、ロシアのウクライナ侵攻を機にエネルギー供給の不安が広がり、アジア圏で石炭火力発電を活用する動きが拡大していることや、新型コロナウイルス危機後の経済活動により

再びリバウンドする可能性がある。

　ところで、過去数十万年にわたる温室効果ガスの濃度変化や気温変化をどのようにして明らかにしているのか。そのひとつの方法が氷床コア分析である。氷床とは、南極やグリーンランドで降り積もった雪が固まってできた大地を広く覆う厚い氷である。氷床の中には無数の気泡が存在し、これは雪が自らの重みで圧縮され氷へと変化する際、雪の隙間にあった空気が氷の中に取り込まれてできたもので、気泡の中には過去の空気が保存されている。氷床コア分析は、この「空気の化石」を氷の中から取り出して直接分析する方法である。東北大学大気海洋変動観測研究センターでは、極域で掘削した氷から空気を取り出す装置を開発し、さらにその微量な空気からCO_2やメタンなどの大気成分を分析することで、過去の大気組成と気候変動の関連について研究が進められている[4]。

　南極ドームふじにおける氷床コアを使った研究によると、図 2.3 に示すように、過去 34 万年の間には温暖かつ海水面が現在と同じくらいの「間氷期」が現在を含めて 4 回あり、それ以外の時期の大部分は寒冷な「氷期」だったことが明らかにされている。

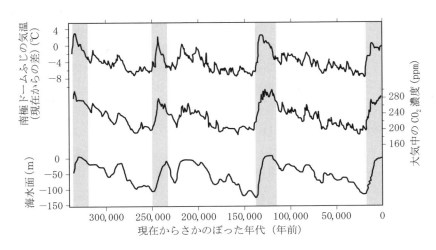

図 2.3　ドームふじ氷床コアより得られた過去 34 万年にわたる大気組成の変動
（出典：東北大学大学院理学研究科大気海洋変動観測研究センター物質循環分野）

CO_2 濃度は、南極の気温と密接に関係しており、間氷期に高く、氷期に低いことから気候変動によって温室効果ガスの循環が大きく変化していたことがわかる。さらに、氷期から間氷期に向かって気温が急上昇するとき CO_2 濃度も同期して上昇しており、これは、氷期－間氷期の移行初期の温暖化が CO_2 濃度を上昇させ、その温室効果によってさらに温暖化が進み、それが CO_2 濃度をさらに上昇させるといった気候と CO_2 との間の正のフィードバック、あるいは CO_2 による気候変動の増幅作用が過去に働いていたことを示唆している[5-8]。

2.4 地球温暖化の未来予測

地球の気温はいったいどこまで上昇するのか。このまま上昇し続けると、どれだけ地球環境に影響を及ぼすのか。ここでは、IPCC 第 6 次評価報告書で発表された未来予測を紹介する。

過去の気候変動については氷床コア分析で明らかにされていることを述べたが、未来の気候変動についてはコンピュータによって予測している。地球の気候をコンピュータ上で再現した気候モデルでは、海洋や大気の状態を物理学の法則を用いて計算していく。物理法則だけでは表現できない部分については、観測データに基づいた経験式を計算に組み込む。このような膨大な計算を行うには大型コンピュータが必要であり、日本では「地球シミュレータ」(2004 年まで演算速度世界最速) をはじめとするスーパーコンピューターが活躍してきた。

IPCC 第 6 次評価報告書では、表 2.3 に示すように 5 種類のシナリオが例示された。まず、各シナリオの SSP-XY について説明する。SSP (Shared Socioeconomic Pathways) の略で、共通社会経済経路、つまり、将来の社会経済の発展を仮定したものである。X は 5 種類の SSP (1：持続可能、2：中道、3：地域対立、4：格差、5：化石燃料依存)、Y は 2100 年頃のおおよその放射強制力 (正の値が大きいほど地表を温める効果が大きい、単位は W/m^2) を表す。

SSP1-1.9 は、持続可能な発展のもとで気温上昇を 1.5°C 以下に抑える最良

のシナリオとなっている。この場合、長期的（2081〜2100年）な気温上昇は1.4℃と推定されている。一方、SSP5-8.5は、化石燃料依存型の発展のもとで、気候政策を導入せず、温室効果ガスを最大排出した場合の最悪のシナリオとなっている。この場合、長期的な気温上昇は4.4℃と推定されている。

また、同報告書では気温の上昇に応じて、異常気象の発生率が増大することも示されている。SSP5-8.5シナリオでは、50年に一度の熱波が毎年発生することになる。そして、界面上昇（詳細は第4章）は1mを超えるとされ、海抜の低い多くの島国が水没することになる。

表2.3　21世紀末におけるシナリオ別気温上昇量

（出典：IPCC第6次評価報告書等から著者作成）

シナリオ	シナリオの概要	長期的（2081〜2100年）気温上昇量（℃）
SSP1-1.9	持続可能な発展のもとで気温上昇を1.5℃以下におさえるシナリオ	1.0〜1.8
SSP1-2.6	持続可能な発展のもとで気温上昇を2℃未満におさえるシナリオ	1.3〜2.4
SSP2-4.5	中道的な発展のもとで気候政策を導入するシナリオ	2.1〜3.5
SSP3-7.0	地域対立的な発展のもとで気候政策を導入しないシナリオ	2.8〜4.6
SSP5-8.5	化石燃料依存型の発展のもとで気候政策を導入しない最大排出量シナリオ	3.3〜5.7

※気温上昇量は可能性が非常に高い範囲

次に、同報告書の中に記載されている「A. 気候の現状」「B. 将来ありうる気候」に記載されている一部をまとめる[9]。

A. 気候の現状

(A.1) 人間の影響が大気、海洋、および陸域を温暖化させてきたことには疑う余地がない。大気、海洋、雪、氷圏、および生物圏において、広範かつ急速な変化が現れている。

(A.2) 気候システム全般にわたる最近の変化の規模と、気候システムの多くの側面における現在の状態は、数百年から数千年にわたって前例のないものである。

(A.3) 人為起源の気候変動は、世界中の全ての地域で多くの極端な気象と気候に既に影響を及ぼしている。熱波、大雨、干ばつ、熱帯低気圧などの極端現象について観測された変化に関する証拠、および、特にそれらの変化が人間の影響によるとする要因特定に関する証拠は、第5次評価報告書(AR5)以降強まっている。

B. 将来ありうる気候

(B.1) 世界平均気温は、考慮された全ての排出シナリオのもとで、少なくとも今世紀半ばまで上昇し続ける。向こう数十年の間に CO_2 および他の温室効果ガスの排出が大幅に減少しない限り、21世紀中に1.5℃および2℃を超える。

(B.2) 気候システムの多くの変化は、地球温暖化の進行に直接関係して拡大する。これには極端な高温、海洋熱波、大雨、およびいくつかの地域における農業および生態学的干ばつの頻度と強度の増加、強い熱帯低気圧の割合の増加、並びに北極域の海氷、積雪および永久凍土の縮小が含まれる。

(B.3) 地球温暖化が続くと、世界の水循環がその変動性、地球規模のモンスーンにともなう降水量、および湿潤と乾燥に関する現象の厳しさを含め、さらに強まると予測される。

(B.4) CO_2 排出が増加するシナリオの下では、海洋と陸域の炭素吸収源が大気中の CO_2 蓄積を減速させる効率が低下すると予測される。

(B.5) 過去および将来の温室効果ガスの排出に起因する多くの変化、特に海洋、氷床、および世界の海面水位における変化は、数百年から数千年にわたって不可逆的である。

2.5 京都議定書とポスト京都議定書

1992年にブラジルのリオデジャネイロで開催された地球サミットでは、地球環境問題を人類共通の課題と位置づけ、以下の4つ、①「環境と開発に関するリオデジャネイロ宣言（リオ宣言）」の採択、②「気候変動枠組条約（UNFCCC）」および「生物多様性条約」の署名開始、③「森林原則声明」の採択、④「持続可能な開発のための人類の行動計画アジェンダ21」の採択がなされた。このなかの気候変動枠組条約には、締約国には温室効果ガスの排出量を1990年の水準にまで減らすための排出量抑制や吸収・固定化のための処置を講じること、そして、その排出量の予測に関する詳細な情報を提出して締約国会議で定期的に審査を受けること、さらに、先進国から途上国への資金・技術援助などが規定された。また、同条約では、「共通だが差異ある責任の原則」に基づき、各国を先進国（附属書Ⅰ国）と発展途上国（非附属書Ⅰ国）とに二分し、温室効果ガス濃度を気候システムに影響を及ぼさない（人的被害に及ばない）程度にまで安定化させるという目標を設定した。

その後、1997年に京都で開催された第3回気候変動枠組条約締約国会議（COP3）において京都議定書（KP：Kyoto Protocol）が採択された。この京都議定書には、対象となる温室効果ガス6種類（CO_2、メタン、一酸化二窒素、HFC、PFC、SF_6）を指定し、削減基準年を1990年にすること、目標達成期間を2008年から2012年の5年間にすること、削減目標を先進国全体で5.2%（日本は6%）とすることなどが定められた。

2007年12月にインドネシアのバリで開催されたバリ会議（COP13・CMP3：気候変動枠組条約第13回締約国会議、京都議定書第3回締約国会合）では、2013年以降のポスト京都議定書の合意に向けたバリ・ロードマップ（バリ行動計画）を発表した。具体的には気候変動枠組条約のもとに、「長期的協力の行動のための特別作業部会（AWG-LCA）」を設置し、2013年以降のポスト京都議定書の枠組についての交渉のロードマップを示し、2009年12月にデンマークのコペンハーゲンで開催されたCOP15・CMP5を交渉期限と定めたものである。しかし、この会議では、バリ・ロードマップで予定されていたポスト京都議定書の新しい国際的枠組の合意は実現できず、「コペンハーゲン

合意」は同合意に「留意する」ことに留まった。

　京都議定書は、2005年にロシアが批准することによって要件を満たし発行されたが、当時世界最大のCO_2排出国であるアメリカが2001年に京都議定書への不参加を表明したことや、京都議定書では排出量の削減義務のない「発展途上国」とされた中国やインドが急激に経済成長し、これらの発展途上国の排出量についても何らかの処置が必要になってきたことが課題として残っていた。このような状況から、2013年以降の排出削減目標の枠組については、2010年にメキシコのカンクンで開催されたカンクン会議（COP16・CMP6）において「カンクン合意」が採択された。これにより、先進国と途上国の双方の削減行動や目標が気候変動枠組条約のもとで正式に定められた。「先進国と途上国の双方」という部分には、会議に出席した日本政府が、京都議定書が先進国にのみ削減義務を対象としていること、また、アメリカや中国、インドなどの主要排出国が削減義務を負わないことを問題視し、京都議定書の延長には断固反対の意思を表明したことが背景にある。

　2011年12月、南アフリカ共和国のダーバンで開催されたダーバン会議（COP17・CMP7）は、京都議定書第一約束期間（CP1：Commitment Period 1）終了後、2013年以降の気候変動の国際レジームの大枠、すべての締約国が参加する将来の法的な枠組（ダーバン・プラットホーム）を2015年までに採択し、2020年までに発効させることが合意された。

　また、2012年11月には、カタールのドーハでドーハ会議（COP18・CMP8）が開催された。この会議では京都議定書の第二約束期間（CP2：Commitment Period 2）の長さを2013年1月1日から2020年12月31日の8年とすること、そして各国の削減目標について、2014年までに再検討を行うということであった。主要参加国は、EU、オーストラリアなど、参加しないおもな国は、もともと京都議定書を批准していないアメリカ、2011年末に脱退したカナダ、そして第二約束期間において削減目標をもたないことにしたロシア、日本、ニュージーランドであった。

　2013年11月16日、京都議定書の第一約束期間（2008〜2012年）に日本が排出した温室効果ガスの量は、基準年の1990年度と比べ8.2%減となり、6%削減という目標の達成が確実になったことが発表された。理由としては、

約束期間の前半に排出量が減ったことや、海外からの排出枠購入の効果によって国際的に約束した義務が達成できたことがあげられる。しかし、2011年の東京電力福島第一原発事故後は火力発電の使用の増加によってCO_2の排出量が増え続けている。将来の原発再稼働が不安定かつ不透明な状況を考えると、早急に原発以外の温暖化対策を強化する必要がある。

なお、2013年11月、ポーランドのワルシャワで開催されたワルシャワ会議（COP19・CMP9）では、当時の石原伸晃環境相より、「日本政府は原発ゼロと仮定した2020年の新たな温室効果ガスの削減目標を、2005年度比3.8%減とする」と発表し、この目標が積極的な温室効果ガスの削減の意欲を示したものではなかったため、会場に大きな失望と落胆をもたらし、反発と批判の声をよび起こした。「2005年度比3.8%減」というこの目標は、京都議定書の基準年（1990年）で換算すると「3.1%増」となる。つまり、排出量を減らすのではなく、むしろ増加を認める目標となっていた。

そして、2015年12月に開催されたパリ会議（COP21・CMP11）では、アメリカと中国が温室効果ガス削減の取り組みを約束する初の枠組みである「パリ協定」が採択された。アメリカは2025年までに2005年比で温室効果ガスの排出量を26〜28％削減、中国は2030年の国内総生産（GDP）単位あたりのCO_2排出量を2005年比で60〜65％削減することを定めた。なお、日本は2030年までに2013年度比で26％削減することを目標とした。また、日米欧などの先進国は官民合わせて年間1000億ドル（約12兆3000億円）を下限とした途上国への資金支援を達成し、新しい数値目標を25年までに設定することとなった（COP決定：法的拘束力のない政治合意）。そして、世界の平均気温の上昇を産業革命以前から2℃未満に抑える「2℃目標」とともに、島嶼国（とうしょこく）が強く求めている「1.5℃」未満を目指して努力することが盛り込まれた。さらに、温室効果ガス排出量を早期に減少へと転じ、今世紀後半には排出量を「実質ゼロ」にすることも掲げた。

このように気候変動枠組条約に加盟する196か国の国と地域が温室効果ガス削減目標を国連に提出し、達成に向けた国内対策を行うことを義務付けたのは1997年に採択された京都議定書以来18年ぶりとなった[10]。

表 2.4 気候変動枠組条約の署名開始からパリ協定採択までの流れ

開催年 会議	開催都市 (国)	内 容
1992年 地球サミット	リオデジャネイロ (ブラジル)	気候変動枠組条約の署名開始
1992年 COP3	京都 (日本)	京都議定書を策定し、温室効果ガスの排出削減目標（1990年基準）を設定、このときアメリカは批准せず
2007年 COP13・ CMP3	バリ (インドネシア)	ポスト京都議定書の合意に向けたバリ・ロードマップ（バリ行動計画）を発表
2009年 COP15・ CMP5	コペンハーゲン (デンマーク)	バリ・ロードマップで予定されていたポスト京都議定書の新しい国際的枠組の合意（コペンハーゲン合意）は実現できず
2010年 COP16・ CMP6	カンクン (メキシコ)	先進国と途上国の双方の削減行動や目標が気候変動枠組条約のもとで設定（カンクン合意）
2011年 COP17・ CMP7	ダーバン (南アフリカ共和国)	すべての締約国が参加する将来の法的な枠組（ダーバン・プラットホーム）を2015年までに採択し、2020年までに発効
2012年 COP18・ CMP8	ドーハ (カタール)	京都議定書の第二約束期間を設定 日本は削減目標を設定せず
2013年 COP19・ CMP9	ワルシャワ (ポーランド)	日本の目標「2005年度比3.8%減」に対して反発と批判
2014年 COP20・ CMP10	ペルー (リマ)	新しい国際枠組の中での国別目標案
2015年 COP21・ CMP11	フランス (パリ)	2020年以降の地球温暖化対策の枠組み「パリ協定」採択。アメリカと中国の批准。「2度目標」の設定

パリ協定採択後、日本は継続して気候変動交渉に参加し、COP24（2018年12月、ポーランド）ではパリ協定の実施指針採択に貢献し、COP25（2019年12月、スペイン）においても、交渉継続となっていたパリ協定6条（市場メカニズム）の実施指針の交渉等に貢献した。また、同年6月には「パリ協定に基づく成長戦略としての長期戦略」を策定し、国連に提出した。菅総理大臣（当時）は、所信表明演説において、「わが国は、2050年までに温室効果ガスの排出を全体としてゼロにする、すなわち2050年カーボンニュートラル、脱炭素社会の実現を目指す」ことを宣言した。表2.4に気候変動枠組条約の署名開始からパリ協定採択までのこれまでの流れと、表2.5にパリ協定以降、主要排出国で定められている温室効果ガスの削減目標を示す。

表2.5　パリ協定以降、主要排出国で定められている温室効果ガスの削減目標

国名	削減目標	削減年
日本	2030年までに46%削減（さらに50%の高みに向け挑戦する）	2013年比
中国	2030年までにGDPあたりのCO_2排出量を65%以上削減	2005年比
EU	2030年までに温室効果ガスの排出量を55%以上削減	1990年比
アメリカ	2030年までに温室効果ガス排出量を50〜52%削減	2005年比
インド	2030年までにGDPあたりのCO_2排出量を45%削減	2005年比
ロシア	2030年までに30%に抑制	1990年比

2.6 パリ協定後の各国の地球温暖化対策

わが国の地球温暖化対策が本格的に開始した背景には、1997年に採択された京都議定書の温室効果ガス削減目標を達成するための計画を定めた地球温暖化対策推進法（温対法）の成立がある。温対法には、国・自治体・事業者・国民が一体となって地球温暖化対策を推進するための枠組みが定められている。具体的には削減すべき温室効果ガスを、二酸化炭素、メタン等の表 2.1 の 7 種類とし、社会経済活動や、その他の活動による温室効果ガスの排出量の削減などを促進するための措置を講ずることが述べられている。

そして、2021 年に、温対法の一部が改正された。改正の背景には、まず、パリ協定に定める目標（世界全体の気温上昇を 2℃より十分下回るよう、さらに 1.5℃までに制限する努力を継続）などを踏まえ、わが国が 2020 年に「2050 年カーボンニュートラル」を宣言したこと、そして、国の宣言に先立ち、2050 年カーボンニュートラルを目指す「ゼロカーボンシティ」を表明する自治体が増加したこと、そして、ESG 金融（環境・社会・ガバナンスの 3 要素を重視した投資手法）の進展にともない、気候変動に関する情報開示や目標設定など「脱炭素経営」に取り組む企業が増加したことがあげられる[11]。

また、EU では 2018 年に欧州委員会が 2050 年のカーボンニュートラル経済の実現を目指す「A clean planet for all」というビジョンを発表した。ここでは、温室効果ガスの 80％削減を目指す 2℃シナリオ、90％削減を目指すシナリオ、100％削減（ネットゼロ）を目指す 1.5℃シナリオが記されている。

そして、アメリカはトランプ政権からバイデン政権に移行した直後、2021 年に脱退していたパリ協定への復帰を果たした。同国において気候変動は生存基盤に関わる脅威であるとし、気候変動対策をコロナ対策、経済回復、人種平等と並ぶ最重要課題の一つとして重視している。そして、気候への配慮を外交政策と国家安全保障の不可欠な要素に位置付けている。バイデン政権は 2050 年までに温室効果ガス排出を実質ゼロに、2035 年までに発電部門の温室効果ガス排出をゼロに移行すること、2030 年までに洋上風力による再エネ生産量を倍増し、またそれまでに国土と海洋の少なくとも 30％を保全することなどを目標に掲げている[11]。

さらに、習近平国家主席は2020年の国連総会一般討論演説で「2030年までにCO_2排出を減少に転じさせ、2060年までに炭素中立を達成するよう努める」ことを表明した。また、同年12月の気候野心サミットで同主席は「2030年にGDPあたりCO_2排出量を65％以上（2005年比）削減する」ことを表明した。具体的には2030年までにCO_2排出のピーク達成を目指すとの目標に向けて行動計画の作成を検討している。

　また、中国は新エネルギー自動車向け補助金などにより、電動車市場は急速に拡大しており、2019年時点で世界市場の約半分を占めているが、さらに2025年までに新車販売における新エネルギー車の割合を20％前後に引上げ（現在は約5％）、2035年までに新車販売の主流を電気自動車（EV）とすることを目標とする新エネ車産業発展計画を公表（2020年11月）した。加えて2021年に、気候変動の影響への適応に係る「国家適応気候変動戦略2035」が策定された[11]。

　このように各国が地球温暖化対策を強化している一方で、温暖化は確実に進行している。日本の平均気温は2024年7月と2024年夏全体（6〜8月）で、1898年の統計開始以降最も高くなった。世界的にも高温を記録し、昨年（2023年）に次いで1891年の統計開始以来2番目を記録した[12]。2024年9月の能登半島豪雨では10名以上の方が命を落とした。世界でも、2023年9月のリビアの洪水では8000人超の死者数を出し、スペインでは2024年10月後半から11月前半にかけて洪水が発生し、300名以上が亡くなった。そして、ハワイやカナダの山火事では街が焼失するほどの被害が出た。

　このままのペースで温暖化が進むと2030年には産業革命前に比べて気温は1.5℃上昇し、2100年には3.2℃に到達するとしている。地球温暖化のような甘い状況ではない。まさに、国連のグテーレス事務総長の発言にあったように「地球沸騰化時代」が到来しているのである。

第3章

生物多様性

　生物多様性とは、地球上に存在する生命の多様さをいい、自然環境の豊かさを表す概念である。現在、存在が確認されている約215万種類の野生生物の数のうち、約4万5,000種類が最も絶滅の恐れがあるとされている。おもな原因は人間活動による自然環境の悪化である。自然環境の悪化は、野生生物にとっては命に関わる深刻な問題である。

　本章では、このような絶滅の危機にある野生生物の現状を紹介し、絶滅の原因や、ひとたび始まると止めることが難しいとされる絶滅の連鎖について考える。そして、このような絶滅の連鎖を食い止めるためのわが国の施策について述べ、最後に、最も身近な生物多様性の保全ともいえるビオトープについて紹介する。

3.1　生物多様性条約と生物多様性国家戦略

　1992年に開催された地球サミットにおいて、生物多様性を包括的に保全し、生物資源の持続的な利用を行うための国際的な枠組みとして生物多様性条約が成立し、署名が行われた。この条約は、1975年に締結された希少種の取引規制や、特定の地域の生物種の保護を目的とする既存の国際条約（絶滅の恐れのある野生動植物の種の国際取引に関する条約（ワシントン条約））、並びに、1971年に締結された水鳥の生息地として国際的に重要な湿地の保護に関する条約（ラムサール条約）を補完したものである。2024年6月時点で194か国、EUおよびパレスチナが同条約を締結している。なお、アメリカは未締結である[1]。理由は後述する。

加盟国は、① 生物多様性の保全と持続可能な利用を目的とする国家戦略を作成・実行すること、② 重要な地域やそこに生息する生物についてモニタリング調査を行うこと、③ 生物多様性の持続可能な利用の政策への組み込みや、先住民の伝統的な薬法などの利用に関する伝統的・文化的慣行の保護・奨励をすること、④ 遺伝資源の利用に関して、資源利用による利益を資源提供国と資源利用国とが公正かつ衡平に配分し、途上国への技術移転を公正で最も有利な条件で実施すること、⑤ 経済的・技術的な理由から生物多様性の保全と、持続可能な利用のための取り組みが十分でない開発途上国に対する先進国の支援が行われること、⑥ 生物多様性に関する情報交換や調査研究を各国が協力して行うことなどが定められている。アメリカが同条約の締結を見送る理由は、上記の④に関係しており、自国のバイオ産業の利益の一部が損なわれる可能性があるからとされている。

また、生物多様性条約では生物多様性に悪影響を及ぼす恐れのあるバイオテクノロジーによる遺伝子組み換え生物の移送、取り扱い、利用の手続きなどについての検討も行うこととしている。これを受けて2003年に、遺伝子組み換え作物などの輸出入時に輸出国側が輸出先の国に情報を提供、事前同意を得ることなどを義務付けた国際協定、バイオセーフティーに関するカルタヘナ議定書が発効された。

日本では、1993年に生物多様性条約の加盟国となり、条約の内容を実行するため1995年に生物多様性国家戦略が策定された。2010年に改訂された生物多様性国家戦略2010では、① 開発・乱獲による生息地の減少、② 里地里山の変質、③ 外来種や化学物質などの影響、の3つの問題に加えて、地球温暖化による影響を深刻にとらえ、生物多様性保全のための総合的な対策が計画された。また、上述のカルタヘナ議定書に対応するため、国内法として遺伝子組み換え生物などの使用などの規制による生物の多様性の確保に関する法律（遺伝子組み換え規制法または、カルタヘナ法）が制定され、2004年から施行されている。

これまでにわが国の生物多様性国家戦略は5回の見直しを行っており、2023年3月31日に閣議決定した生物多様性国家戦略2023-2030では、生物多様性損失と気候危機を「2つの危機」として統合的に取り扱っている。ここ

では、2030年までに生物多様性の損失を食い止め、回復させる（ネイチャーポジティブ）というゴールに向け、2030年までに陸と海の30％以上を健全な生態系として効果的に保全しようとする目標30by30（サーティ・バイ・サーティ）が掲げられている。

3.2 野生生物の絶滅

現在、約215万種類の野生生物が確認されているが、実在するすべての野生生物の種類は明らかになっていない。その数は、1,000万〜3,000万種類といわれており、最大で1億種類以上との推定もある。しかし、これらの多様な生物の多くが人為的な原因で絶滅の危機に瀕しており、その絶滅のスピードは自然淘汰の1,000倍以上といわれている。これらの種の絶滅は、われわれ人間が自然から授かる生態系サービス、すなわち① 物質の提供（生態系が生産するもの、食料や水など）、② 調節的サービス（生態系のプロセスの制御により得られるサービス、気候などの制御・調節）、③ 文化的サービス（生態系から得られる非物質的利益、レクリエーションなど精神的・文化的利益）、④ 基盤的サービス（生態系サービスの基盤となるサービス、栄養循環や光合成による酸素の供給）の悪化を意味する（ミレニアム生態系評価）。

国際自然保護連合（IUCN）は、1966年に絶滅の恐れのある野生生物種のリスト（レッドリスト）を発表し、世界中にこの危機的状況を訴えた。レッドデータブックにはレッドリストに掲載されている生物種のそれぞれについて、その状況が詳細に記載されている。レッドリスト2024年版によると、約16万3,000種が絶滅危惧種となっており、そのうち、4万5,000種以上が最も絶滅の危機にあるカテゴリーに分類されている[2,3]。図3.1に、国際的に絶滅が危惧されている野生生物の例を示す。

トラは、ベンガルトラ、アムールトラ、マレートラなど9種類の亜種に分類され、そのすべてが絶滅危惧種または絶滅種に指定されている。亜種とは、種に準じた生物学上の分類であり、同じ生物種でも生息する地域や環境によって、身体的な特徴などに違いが出る場合、亜種という形で分類される。20世紀はじめには世界に10万頭いたとされるトラは、いまでは2,000〜3,000

頭まで減少している。生息数減少のおもな原因は、生息地である森林やマングローブ林のある湿原が失われたこと、および毛皮製品を目的とした密猟による[4]。

図 3.1　国際的に絶滅が危惧されている野生生物の例
IUCN 危機ランク(a) EN、(b) CR、(c) EN／CR、(d) VU

　ゴリラは、ニシローランドゴリラ、ヒガシローランドゴリラの 2 亜種に分類され、いずれも絶滅危惧種に指定されている。ゴリラは約 800 万年前にヒトと進化の枝分かれをした人間に最も近い霊長類の一種で、DNA の約 97%

をヒトと共有しているといわれている。このため、知能がきわめて高く、簡単な手話なども覚えるそうである。

　ゴリラの生息数について、米科学誌「サイエンス・アドバンシズ（Science Advances）」に掲載された論文によると、従来推計よりも多く生息することが判明し、ニシローランドゴリラの生息数が約 36 万 2,000 頭と発表された。しかし、生息数が従来推計よりも高い数値だからといって、絶滅が危惧されていることに変わりはない。同論文によると、ゴリラの生息数は 2005 年から 2013 年までの間に約 19.4%減少しており、3 世代で 80%減少すると予想されている[5]。

　このおもな原因は、密猟や森林破壊、内戦で森林を燃やされ、生息地が奪われたことによる[6]。また、2014〜2016 年に猛威をふるったエボラ出血熱によっても生息数が減少した。このため、現在多くの保護団体がゴリラの保護に努めている。日本では京都市動物園で過去 3 例の繁殖経験があり、国内で唯一の飼育下第 3 世代の繁殖に成功している[7]。

　ゾウは、アフリカゾウ（サバンナゾウ，マルミミゾウ）とアジアゾウの 3 種に分類される。いずれも絶滅危惧種に指定され、いまなお減少し続けている。この原因は象牙製品の原料獲得を目的とした密猟である。アフリカ全体で 2011 年以降、少なくとも年間 2 万頭以上のゾウが殺され、1979 年に 139 万頭いたアフリカゾウは 2023 年時点で 22 万 7,900 頭まで減少した[8]。

　絶滅の恐れがある野生生物の国際商取引を規制するワシントン条約は、1989 年にアフリカゾウの国際取引を禁止したが、押収される違法象牙の量は 2009 年頃から急増傾向にある。2019 年にシンガポール税関当局はアフリカゾウ約 300 頭分に相当する象牙系 8.8 トン（推定価格：約 14 億円）を押収した。コンゴからの船の積み荷から発見され、シンガポールを経由してベトナムに密輸されようとしていた[9]。

　ホッキョクグマは北極圏に生息する地上最大の肉食動物である。生息数は現在、約 2 万 6,000 頭で絶滅危惧種に指定されており、2100 年には、絶滅する可能性が高いとされている[10]。このおもな原因は、よく知られているように地球温暖化による氷解である。ホッキョクグマはおもにアザラシを捕食する。氷上にあるアザラシの呼吸用の穴や流氷の縁で待ち伏せ捕獲するため、

足場となる氷が溶け始めると安定した定着氷域が狭くなり、アザラシの捕獲が困難になる。また、アザラシは氷上で繁殖するため、定着氷域の減少によりアザラシそのものの生息数も減少している。このような理由からホッキョクグマの生息数が減少している。

また、有害な化学物質もホッキョクグマを脅かしている。一般に、北極圏では、環境の厳しさゆえに人の活動も少なく、環境汚染とは縁がないと思われがちだが、遠い熱帯地域で散布された農薬の大部分は土壌に留まることなく大気中に拡散し、気流に乗って北極圏に運ばれてくる。また、先進国の大都市や工場周辺から流れ込んだ河川の水も海流とともに流されてくる。

世界各地で発生するダイオキシン類や農薬などの残留性有機汚染物質（POPs）は、まず植物プランクトンの体内に入る。するとそれを食する動物プランクトン、さらにそれを食べる小魚へと少しずつ濃縮されながら、内臓や脂肪へ蓄積されて受け渡されていく（生物濃縮）。海水中にわずかな濃度で拡散していたPOPsは、食物連鎖を通じて徐々に生物濃縮を起こし、結果的に、アザラシやホッキョクグマなど生態系の上位にいる動物ほど、高濃度のPOPsにさらされることになる。しかも、一度取り込まれたPOPsは、分解・代謝されないまま生物の体内に残留し続け、その子孫にまで汚染が引き継がれていく。有害化学物質による環境汚染は、世代を超えた脅威なのである[11]。

また、わが国の環境省でも日本に生息または生育する野生生物について、専門家で構成される検討会が生物学的観点から個々の種の絶滅の危険度を科学的・客観的に評価し、その結果を環境省版レッドリストとしてまとめている。2019年度に発表されたレッドリスト2020によると、3,716種の日本固有の生物が絶滅危惧種に指定されており、2017年3月に公開した海洋生物レッドリストに掲載された絶滅危惧種56種を加えると3,772種となる[3]。表3.1に代表的な日本における絶滅危惧種（準絶滅危惧種・絶滅種を含む）の例をあげる。CR（絶滅危惧IA類）、EN（絶滅危惧IB類）、VU（絶滅危惧II類）の3区分が絶滅危惧種といわれるランクになる。

表 3.1　絶滅または絶滅の危機にある日本の固有種

個体名	環境省評価	IUCN 評価
クロメダカ	絶滅危惧 II 類	VU
ニッポンバラタナゴ	絶滅危惧 IA 類	CR
トウカイヨシノボリ	準絶滅危惧	NT
アカハライモリ	準絶滅危惧	NT
トノサマガエル	準絶滅危惧	NT
ゲンゴロウ	絶滅危惧 II 類	VU
カブトエビ	絶滅危惧 I 類	CR+EN
ヤンバルクイナ	絶滅危惧 IB 類	EN
アマミノクロウサギ	絶滅危惧 IB 類	EN
ダイトウオオコウモリ	絶滅危惧 IA 類	CR
イリオモテヤマネコ	絶滅危惧 IA 類	CR
ニホンザリガニ	絶滅危惧 II 類	VU
ツバメチドリ	絶滅危惧 II 類	LC
ライチョウ	絶滅危惧 IB 類	EN
トノサマガエル	準絶滅危惧	NT
オニヤンマ	準絶滅危惧	NT
オオクワガタ	絶滅危惧 II 類	VU
ツクシタンポポ	絶滅危惧 IB 類	EN
ハクセンナズナ	絶滅危惧 IA 類	CR
ニホンウナギ	絶滅危惧 IB 類	EN
トキ	野生絶滅	EN
ニホンオオカミ	絶滅	EX
ニホンカワウソ	絶滅	EX

EX（Extinct：絶滅（すでに絶滅したと考えられる種））、EW（Extinct in the Wild：野生絶滅（飼育・栽培下でのみ存続している種））、CR（Critically Endangered：絶滅危惧 IA 類（ごく近い将来における野生での絶滅の危険性が極めて高いもの））、EN（Endangered：絶滅危惧 IB 類（IA 類ほどではないが、近い将来における野生での絶滅の危険性が高いもの））、VU（Vulnerable：絶滅危惧 II 類（絶滅の危険が増大している種））、LR（Lower Risk：準危急種）、 NT（Near Threatened：準絶滅危惧（現時点での絶滅危険度は小さいが、生息条件の変化によっては「絶滅危惧」に移行する可能性のある種））、LC（Least Concern, DD: Data Deficient： 情報不足（評価するだけの情報が不足している種））、TP（Threatened Local Population：絶滅の恐れのある地域個体群（地域的に孤立している個体群で、絶滅の恐れが高いもの））

3.3 絶滅の原因

生物の個体数が減少または絶滅してしまう原因は、図 3.2 に示すように以下の5つ、①生活環境の悪化、②有害物質による環境汚染、③感染症の拡大、④生物の乱獲、⑤侵略的外来種の侵入、に大別することができる[12]。

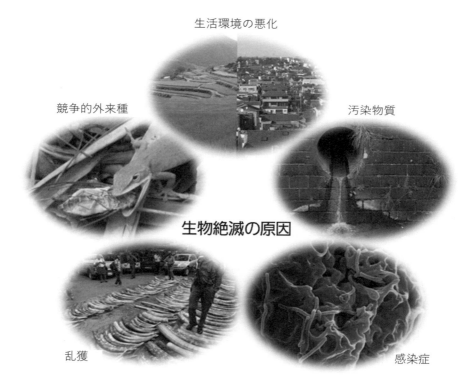

図3.2 生物絶滅の原因（原因はすべて人間活動によるもの）
（出典：競争的外来種グリーンアノール（オガツアー）、乱獲（アフロ））

生活環境の悪化とは、すなわち人間のライフスタイルの変化を意味する。たとえば、昔の日本では、食料を得るために各自が田んぼをもち、畑を耕していた。この田んぼや畑には、オタマジャクシやカエル、チョウなどが生息して

いた。

　しかし、現在では、このような生活を送る人は都会から離れて生活する人に限られ、多くの人は街に住み、食料が必要な場合にはスーパーマーケットやコンビニなどに行く。燃料にしても、昔は森を維持し、薪を燃やすことで暖をとっていた。しかし現在では、通常、エアコンや電気ストーブなどで暖をとるだろう。人が手入れしなくなった森は荒廃し、生態系が大きく変化する。このような人間のライフスタイルの変化によって、人間の生活のなかに自然と溶け込んでいた生物の生息場所を無くしていく結果となった。

　有害物質の影響を受けるのは人間だけではない。むしろ、人間よりも弱い野生生物の方が甚大な被害を受けている。日本の公害問題は、明治以降の急激な近代産業の発展にともない発生し、拡大してきた。工場や家庭から出される有害物質は、かつて「薄めて流せば問題ない」とされてきたが、この考え方が間違いであったことは、水俣病などをはじめとする公害の歴史がそれを証明している。また、生体内で性ホルモンのようにふるまう環境ホルモン（内分泌攪乱物質）は、生物の生殖活動に大きな被害をもたらしている。とくに、この環境ホルモンの影響を受けやすい生物は、オスがメス化したり、メスがオス化したりするなどして、種の繁栄の妨げとなっている。このような公害問題や有害物質については、第6章で詳細に解説する。

　感染症の拡大により、人類はこれまで何度もその驚異にさらされてきた。エイズ、鳥インフルエンザ、サーズ、エボラ出血熱などの感染症が話題になったが、これらは、本来人間が踏み入れることのなかった野生生物の生息地を開拓し、土地利用することによって、人間と野生生物の距離が縮まったことが原因であるとする考えもある。

　また、ガボンのフランスビル国際医学研究センターなどのチームは、オオコウモリがエボラウイルスの自然宿主とされ、エボラは現地の食用コウモリからの感染であると発表している[13,14]。このような、感染症の拡大は野生生物にとっても同じことである。人間社会と密接に関わり始めた抗体をもたない野生生物は、ひとたびこのようなウイルスに感染すると、急激に個体の数が減少し、最悪の場合、絶滅する可能性がある。

　なお、近年、猛威を振るい、いまなお油断を許さない新型コロナウイルス感

染症については、ヒトからイヌ、ネコが感染したと考えられる事例が数例報告されている。また、動物園のトラやライオンの感染（飼育員から感染したと推察されている）事例も報告されている。ただし、新型コロナウイルス感染症はおもに発症したヒトからヒトへの飛沫感染や接触感染により感染することがわかっており、現時点では、ヒトから動物への感染事例はわずかな数に限られている[15]。WHOの報告によると、新型コロナウイルス感染症のパンデミックによる世界の死者が 2023 年 5 月までに約 686 万人に上っていると推計している[16]。

生物の乱獲による種の絶滅は、先に述べたアフリカゾウのようにいまでも続いている問題であり、すでに絶滅した種は約 800 種といわれている。乱獲によってひとつの種が絶滅すると、食物連鎖のバランスが崩れ、その生物が生息していたエリア全体の生物が絶滅、または一部の種のみ異常繁殖するということもある。

かつて、モーリシャス島に生息していたドードーは、人間による乱獲（食用としての捕獲）や人間が持ち込んだ天敵（イヌ、ブタなどの家畜）により、発見からわずか 83 年で絶滅したといわれている。このドードーは、モーリシャス島に生息していた樹木、タンバラコクと共生関係にあったとする説があり、その樹木の種子をドードーが食べることにより、包んでいる厚さ 1.5cm もの堅い核が消化器官で消化され、糞とともに排出される種子は発芽しやすい状態になっていることから、樹木の繁栄を助けていたといわれている[17]。したがって、ドードーの絶滅はこの樹木の絶滅を意味し、同じくこの樹木の実や葉を食べていた生物の絶滅を意味する。

侵略的外来種とは、本来いるはずのない種が人為的に持ち込まれて、以前から生息していた地域の固有種に悪影響を与える種のことである。この侵略的外来種は、在来種を食害する捕食種、在来種を駆逐する競争種、在来種と交雑する近縁種に大別することができる。

まず、捕食種には、最近ペットで持ち込まれている外国産の爬虫類や昆虫類、マングースのように人間の生活を補助するために持ち込まれた種が代表的である。ペットとして持ち込まれたグリーンアノールは、綺麗な緑色をした爬虫類であるが、これが野性化して、固有種の昆虫を捕食している。また、

マングースはハブ退治として用いられるが、アマミノクロウサギのような固有種を捕食している。

次に、競争種には、セイタカアワダチソウやセイヨウミツバチが有名である。われわれが生活のなかで目にする菜の花やミツバチは、実際にはこれらの競争種であるセイタカアワダチソウやセイヨウミツバチがほとんどである。セイタカアワダチソウは、明治時代末期に園芸目的で持ち込まれ、セイヨウミツバチも同じ頃に養蜂用として持ち込まれた。日本の固有種であるニホンミツバチは山間地に見られるが、養蜂用として用いられているハチは現在ほとんどがセイヨウミツバチである。

そして、代表的な近縁種には、タイリクバラタナゴがあげられる。日本の固有種であるニッポンバラタナゴとの違いは、微妙な体高の違いや口ひげの有無であり、見分けが難しい。タイリクバラタナゴとニッポンバラタナゴが交雑を繰り返すことで、徐々にニッポンバラタナゴの純粋な固有種が減少する。

3.4 絶滅の連鎖

先のドードーの例で示したように、種と種は相互関係で結ばれており、ある種の絶滅は別の種の絶滅を招く場合がある。とくに、これが相利共生（種間で利益を与え合う関係、ミツバチと花のように蜜をもらう代わりに受粉を助けるなど）の関係にある場合、即絶滅につながる可能性が高い。また、ひとつの種の個体数が減少し始めると、その種全体としての防衛力が低下し、さらにこれは繁殖機会の減少にもなる。

そうすると、近交弱勢（遺伝的に近いものどうしを交雑すると、奇形が生まれたり致死遺伝子が働いて死に至ったりすること）が起こることになる。そして、さらにその種の個体数が減少し繁殖機会が減少してしまう。このように絶滅の連鎖がはじまるのである。この連鎖は一度起こってしまうと自然の力では回復することが難しく、ほとんどの場合その種は絶滅する。

3.5 生物多様性の保全

1992年の地球サミットで採択された生物多様性条約は、ワシントン条約やラムサール条約などを補完したもので、生物多様性を保全し、生物資源の持続可能な利用を行うことを目的とした生物関連の条約のなかでも最も根幹的なものである。

この生物多様性条約では、① 種の多様性、② 遺伝子の多様性、③ 生態系の多様性の3つの多様性がそれぞれ定義されている。種の多様性は最も理解しやすいもので、種と種の間の多様性のことであり、つまり「何種類の生物がいるのか？」ということである。なお、学問的に確認されている生物の種数はUNEP（国連環境計画）の「生物多様性評価（Global Biodiversity Assessment）」によると世界で約215万種である。しかし、実際の種数は未発見の生物を含めると恐らく1億種を超えるともいわれている。

遺伝子の多様性とは、同種のなかでも個体群や亜種などの遺伝的に異なる種の多様性のことで、種内グループに関する多様性のことである。同種でも生息する地域ごとに色や形などの特徴が微妙に異なることが多いが、これはそれぞれがもつ異なる遺伝情報が外見に現れた結果である。人間の場合を例にとると、皮膚や髪の色、身長の違いなど遺伝子や染色体の違いがさまざまな特徴として現れている。遺伝子の多様性は、このような遺伝子の変異の大きさを指すものである。

生態系の多様性とは、異なる自然環境で生まれる多様性のことである。たとえば、鳥類ではその種数が生息場所の植物の種数よりも葉の位置の多様性と強く相関することが報告されている。つまり、草本、低木、中木、高木、といろいろな高さの植物があることによって、多くの種類の鳥が生息することができるのである[17]。

さて、人間にとってもきわめて重要な生存基盤を提供してくれるこのような生物多様性を保全していくことは、大変重要な取り組みである。環境省では、このような観点から、「種の保存法（1992年、絶滅の恐れのある野生動植物の種の保存に関する法律）」に基づき、レッドリストの見直し・普及、エコツーリズム（自然環境や歴史文化を対象として、それらを体験し学ぶととも

に、その価値が維持されるように保全したり、価値の向上を図ったりする考え方）の推進、希少野生生物の保護に取り組んできた。

2013年2月に汽水・淡水魚類の新しいレッドリストを公表し、これまで生態に関して不明な部分が多いことから情報不足（DD）としていたニホンウナギを初めて絶滅危惧IB類（EN）に選定した。レッドリスト自体には捕獲禁止などの法的拘束力はなく、選定されたことにより直ちに食べられなくなることはないが、その保全を進めるうえでこのような選定は意義深い[19]。なお、ニュースではこの選定を受けて、ウナギが食べられなくなることを心配する報道がなされたが、ニホンウナギが絶滅の危機に瀕していることについて、日本人は真剣に考えるべきであろう。このニホンウナギについては、第12章で詳しく述べる。

3.6 ビオトープ

ビオトープとは、ギリシャ語の「生命：bio」と「場所：topes」の合成語で、生物の生息空間を意味する。広義には、森林や海洋などの自然、これらを含む地球もビオトープである。生物の多様性の維持や生態系の保全のために、人の手によって元の状態に戻した生物の生息空間もビオトープであり、学校などで環境教育の一環として新たに作ったものもビオトープである（図 3.3）。最近では、家庭レベルで、庭先にかめや水槽などを置き、そこに水性生物をできるだけ自然な状態で管理することもあり、これもビオトープとよぶことがある。

日本国内では、「最近見なくなった魚を復活させよう」、「ゲンジボタルをよぼう」といったビオトープ活動が積極的に展開されており、成功した事例もたくさんある。このような活動の環境教育としての意義は深く、自然学習をより実践的に学ぶ手段としてもきわめて有効である。

42　第3章　生物多様性

図 3.3　学校におけるビオトープ作成の様子

第4章

沈みゆく島

　地球温暖化よる海面水温の上昇は、海水を膨張させ海水量を増加させる。また、よく知られているように、極地の氷解によっても海水量は増す。地球上では、このような海水量の増加によって沈みかけている島国がある。とくに、ツバルやキリバスといった太平洋島嶼国は海抜がきわめて低いため、その被害は深刻である。しかし皮肉なことに、このような被害を受けている国の人びとが地球温暖化に寄与しているわけではない。

　本章では、このような沈みゆく島国に焦点をあて、その国の現状や生活について詳細に解説する。さらに、これらの島国が沈むことを少しでも食い止めるために、世界中のNPOやNGOなどが取り組んでいるボランティア活動についても紹介する。

4.1　海水温の上昇

　気象庁の報道によると、2023年までのおよそ100年間にわたる海域平均海面水温（年平均）の上昇は＋0.61℃/100年であり、過去10年間（2014～2023年）の値は、統計を開始した1891年以降、すべて歴代10位以内の値となっている。

　海面水温の長期変動では、図4.1に示すように、1910年頃に極小、1940年代初頭に極大となり、その後、しばらく横ばい傾向であった。しかし、1970年代半ばから2000年代初頭にかけて再び上昇傾向に転じた。なお、2023年の年平均海面水温（全球平均）の平年差は＋0.40℃で、統計を開始した1891年以降で最も高い値となった。このような海面水温の変動は、陸域における

地上気温の変動とおおむね同じ傾向を示している。

　IPCC 第 6 次評価報告書では、大気中の二酸化炭素濃度の増加などの人為起源の影響を考慮することによってのみ、海面水温・陸上気温の上昇傾向が地球温暖化予測モデルによるシミュレーションで再現されることや、複数の証拠を組み合わせた新しい解析と手法から、人間の影響が大気、海洋および陸域を温暖化させてきたことには疑う余地がないことを初めて明記し、大気、海洋において、広範囲かつ急速な変化が現れていると指摘している[1]。

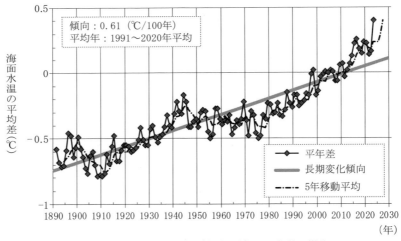

図 4.1　年平均海面水温（全球平均）の平年差の推移

（出典：「海面水温の長期変化傾向（全球平均）」気象庁から著者作成）

4.2　海面の上昇

　IPCC 第 6 次評価報告書では、1901 年から 2018 年の間に、世界平均海面水位は 20cm 上昇したと発表した。2100 年までの世界平均海面水位上昇量は、1995〜2014 年と比べて、28cm〜1.01m 上昇するとの予測を発表している（図 4.2）。とくに、海面水位の上昇は気温とは違い「数百年から数千年のタイムスケールで不可逆的なもの」だと報告書は述べており、つまり、気温上昇は止まっても、海面水位は上昇し続けることを意味している。

最近の海面推移上昇のおもな原因は、海面水温の上昇によってもたらされている海水の熱膨張であるとされている。水温は1℃上昇すると体積が0.02%ほど増大する。全海洋の平均水温は、少なくとも水深3,000mまでの層で上昇していることが確認されており、このような膨大な体積の水温上昇は、大きな海面上昇を生じさせることになる[2]。

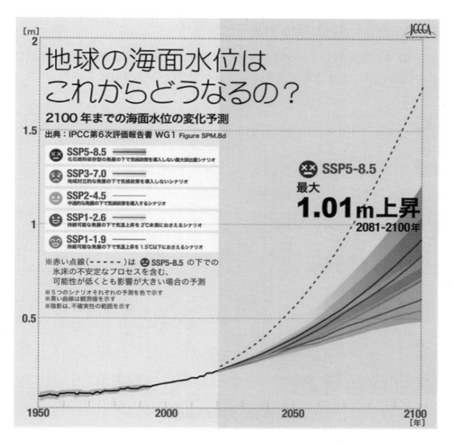

図4.2　海面水位の変化観測

（出典：全国地球温暖化防止活動推進センターウェブサイト（https://www.jccca.org/））

また、IPCC 第 6 次評価報告書によると、1979 年から 2021 年の期間中、北極圏の海氷面積は 1 年あたりの平均で 8.9 万 km^2 減少しており、この値は北海道の面積に匹敵する。近年の北極域の海氷面積は、過去 1000 年のどの期間よりも小さい。

4.3 太平洋島嶼国の海面上昇の現状

1980 年代後半頃より、地球温暖化による海面上昇の可能性が示唆されはじめ、海抜の低い太平洋島嶼国（とうしょこく）（図 4.3）への影響が懸念されはじめた。

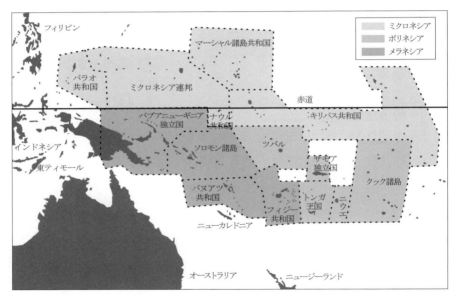

図 4.3 太平洋島嶼国

（出典：外務省ホームページから引用）

この頃からオーストラリア政府が中心となって、南太平洋潮位・気候監視プロジェクトを立ち上げ、潮位測定器を南太平洋の島々に設置し観測を続けている。そして、その結果を公表し予測される被害に対処することを目的と

している。

表 4.1 に、このプロジェクトによって 2006 年に発表された平均海面上昇を示す。ツバル近海の海面は、観測をスタートした 1993 年 3 月から 2006 年 9 月までの約 13 年の間、年間 5.8mm の上昇傾向にあり、合計で 75.4mm 上昇したとされている。他にもキリバスで 6.0mm/年、トンガで 8.1mm/年などと南太平洋で軒並み海面が上昇している様子が読み取れる[3]。

表 4.1　太平洋島嶼国の海面上昇率

（出典：「What the South Pacific Sea Level and Climate Monitoring Project is Telling Us」から著者作成）

国	観測開始日	海面上昇率(mm/年)
フィジー	1992 年 10 月	+2.7
キリバス	1992 年 12 月	+6.0
バヌアツ	1993 年 1 月	+3.0
トンガ	1993 年 1 月	+8.1
クック諸島	1993 年 2 月	+3.1
サモア	1993 年 2 月	+6.7
ツバル	1993 年 3 月	+5.8
マーシャル諸島	1993 年 5 月	+4.8
ナウル	1993 年 7 月	+7.5
ソロモン諸島	1994 年 7 月	+6.3
パプアニューギニア	1994 年 9 月	+7.7
ミクロネシア連邦	2001 年 12 月	+16.6

4.4　キリバス、ツバル国民の受け入れ

「キリバスが水没したら、フィジーが全キリバス人の移住を受け入れる。」2014 年 2 月 11 日、フィジーのナイラティカウ元大統領はキリバス政府に対

してこのように表明した。キリバスはすでにフィジーに 6000 エーカー（約 24km²）の農地を購入し、塩害でキリバスが耕作不能になる事態に備えている。今後の対処にも両国が連携していくことが予想される。海面上昇により、国家消滅の危機が叫ばれているのはキリバスの他、南太平洋のツバル、インド洋のモルディブなども同様である[4]。

一方、ツバルは 9 つのサンゴ礁の島からなり、平均海抜は 2m（最大でも 5m）程度、人口約 1 万 2,000 人の国である。この国では海面上昇や地盤沈下などによって、海水の浸水、塩害などがすでに発生している。このため、ツバル政府はオーストラリアおよびニュージーランドに対して、自国民の移民受け入れを非公式に要請した。オーストラリア政府は同要請を拒否し、ニュージーランド政府は環境難民としてではなく、年間 75 人を限度として、適格移住者（45 歳以下で、英語が話せて仕事が確保できる者）の受け入れに合意した[5]。

4.5 キリバスの実情

筆者は以前、太平洋島嶼国の海面上昇による被害状況を調査するためにキリバスを訪れたことがある。日本からフィジーを経由しキリバスへ、そして飛行機を乗り継いで 15 時間以上の長旅であった。

キリバスは、正式国名を「キリバス共和国」という。首都機能をもつタラワ島があるギルバート諸島、ダイビングや釣りで有名なクリスマス島、そしてキリバス最東端にあり、世界で最も日が早く昇るミレニアム島のあるライン諸島、2007 年に世界最大の海洋保護区としてキリバス政府により保護が開始されたフェニックス諸島の 3 諸島からなる。キリバス全体で約 13 万人の国民が住んでいる。言語はキリバス語と英語であり、小学校から英語教育がなされているため、ホテルやレストランでは英語で十分対応が可能である。通貨はオーストラリアドルが通常使われるが、キリバス通貨も存在する。しかし、この通貨は世界的にも価値の高いものらしく、旅行中に見ることはなかった[6]。

キリバスのボンリキ国際空港に到着して最初に出迎えてくれたのは現地の

子どもたちであった。フェンス越しに飛行機を見つめる子どもたち（図4.4）。きっと飛行機が珍しいに違いない。入国手続きを済ませて到着ロビーに入ると、まるでそこは昔の日本の市場のような雰囲気であった。大人も子どもと同じで、珍しい外国人を歓迎しにきてくれたのだろう。

　キリバスでの宿泊先は、メリーズ・モーテルという名の小さなホテル。ホテルの前がバス停なので非常に便利であった。キリバスには、それとは別にオシンタイ・ホテルというキリバス最大のホテルもあったが、ロケーションのよさを選んだ。

図4.4　キリバスのボンリキ国際空港にてフェンス越しに出迎えてくれた子どもたち

　ホテルを出て街を歩くと、みんなが笑顔で挨拶をしてくれた。「MAURI!（マウリ）」と声をかけ合う。朝でも夜でも、どんなシチュエーションでも通用する便利な挨拶だ。街の風景をカメラのファインダーから覗くと、子どもたちが楽しそうに近づいてきて、カメラの前でにっこり笑う。街でバナナを売っている親子も納屋の下で団らんする家族もみんな笑顔でカメラを見つめていた。日本では誰かが写真を撮っていると、写らないように避けて通ることが

多いが、この国では「私を撮って！」と言わんばかりの笑顔でカメラに近寄ってきてくれる。「MAURI! MAURI!」と声をかけながら。

　キリバスは、国連が定義する「脆弱な国」のひとつであるが、世界でも有数の治安のよい国で、1年を通じてもほとんど大きな犯罪は起きない。旅行者が歩いていても押し売りなどは一切ない。一人でいる人はほとんどおらず、つねに誰かと歩いていたり、話しをしていたりと、人と人とのつながりがとても密接な、あたたかい生活文化であることがよくわかった。

　ツバルやキリバスの海岸でヤシの木が倒れている写真を目にしたことのある読者も多いだろう。これは先に述べた海面上昇により海岸の砂が削られてヤシの木が自分を支えられなくなるためである。キリバスで海岸沿いに行くとやはり同じ光景を見ることができた。完全に倒れてしまっているものや倒れかかっているものなど、海岸のずっと奥までその光景は続いていた。日本で写真を見たことは何度もあったが実際に見るとその深刻な状況がうかがえる（図 4.5）。また、道が海に沈みかかっている光景も見た。大雨の日には道と海の区別ができなくなってしまうようだ。

図 4.5　海水の侵食により倒壊したヤシの木

このような状況を少しでも改善するために、日本からのボランティア団体が海岸沿いにマングローブ林を造っている（図 4.6）。マングローブとは、熱帯・亜熱帯地域の河口汽水域の塩性湿地に生息する森林のことであり、キリバスではおもにヤエヤマヒルギを植樹している。マングローブは木のなかでは成長速度は決して速い方ではないが、植樹の場所が海岸だけあって海水に耐えられる品種であることから選ばれている。なお、速い方ではないといっても 5 年もすれば立派な木になるので、海水の陸地への侵入を妨げる高さとしては十分である。また、よく知られているように、マングローブの根は、複雑に入り組んだ構造になっているので、そこに魚やエビなどの生物も生息することができる。

図 4.6　海水の侵食を防ぐためのマングローブの植樹

　街を歩いていると気になったのが図 4.7 に示すようなごみの散乱であった。地元の人の様子を見ていると、歩きながらお菓子の袋やジュースの空き缶などを道路に投げ捨てていた。キリバスだけではなく、太平洋島嶼国全体で、こ

のようなごみの問題は深刻化しつつある。このまま不衛生な状況が続けば、疫病の蔓延や地球環境への悪影響が懸念される。

図 4.7 散乱したごみの山

4.6 太平洋島嶼国の廃棄物処理問題

　日本は明治から昭和にかけて、ずさんな廃棄物処理のために疫病の蔓延や公害問題を引き起こした。太平洋島嶼国でもこれと同じ歴史をたどる可能性は十分にある。狭い土地での人口集中、輸入製品の増加、ライフスタイルの変化により、大量の廃棄物が島にそのまま投棄され、豊かな自然環境を破壊し、公衆衛生上の問題も出てきている。

　このような状況から、廃棄物処理問題は太平洋島嶼国の共通の課題として

みなされ、日本は 2000 年の日本・太平洋諸島フォーラム首脳会議を契機として本格的な協力を開始した。専門家の派遣、ごみ処理機材の供与、ごみ処分場の改善などを行うと同時に、地域国際機関である SPREP（太平洋地域環境計画）とともに日本での研修（わが国における研修）や第三国研修（途上国において、社会的あるいは文化的環境を同じくする近隣諸国から研修員を受け入れて行われる研修を日本が資金的、技術的に支援する手法）を通じて廃棄物管理に携わる人材の育成を行ってきた。 また、サモア、バヌアツ、パラオでは二国間技術協力プロジェクトを実施して廃棄物管理改善を支援してきた。2000 年から実施してきたこれらの協力で課題の一部は解決されたものの、依然として衛生面や環境面での多くの困難な課題が残っている[7]。

このような状況を改善するため、JICA（国際協力機構）では大洋州地域廃棄物管理改善支援プロジェクト（J-PRISM）を発足し、2011 年から 2016 年の間、太平洋島嶼国 11 か国（キリバス、フィジー、パプアニューギニア、ソロモンなど）を対象として、島嶼国全域の廃棄物管理が改善されることを目的とした広域技術協力プロジェクトが実施された。

さらに、J-PRISM が提唱する New3R（リデュース、リユース、リサイクル＋リターン）の理念を踏まえた官民協働による家庭ごみの分別収集システムの構築プロジェクトが京都大学環境科学センター（当時）の浅利美鈴氏らによって展開された。官民さまざまな立場からの知識を結集し、ソロモン（首都ホニアラ）にて、家庭からのごみ分別・収集を実現するのが目的であった。このプロジェクトにより、各国レベルにおいては、各国の課題や支援ニーズに応じた支援を通じて、収集・運搬、最終処分など廃棄物管理の特定分野の能力向上やローカル専門家の育成等の成果が見られた。

その後、2017 年～2023 年まで、大洋州 9 か国を対象とし J-PRISM フェーズ 2 を実施し、J-PRISM に引き続き廃棄物管理分野での支援を継続した。そして、いまではフェーズ 3（2023 年 7 月～2028 年 7 月）に入り、これまで実施された地域協力の取り組み等を踏まえ、廃棄物管理能力が脆弱な国へのさらなる支援や地域内協力の体制の構築等を行うことにより、大洋州地域の自立的な廃棄物管理と「3R＋Return」メカニズムの強化を図っている[8]。

第5章

砂漠化の進行

　砂漠は、地球上の面積の約4分の1を占めているといわれている。アフリカ大陸にある世界最大のサハラ砂漠は東西に約5,000kmもあり、この距離は日本の北海道の北端から沖縄の南端までよりもはるかに大きい。人工衛星からの地上の写真を眺めてみると、地球上には至るところに茶色の砂漠があることをはっきりと確認することができる。地球には砂漠が昔から存在しているが、砂漠の面積は人間活動の結果、拡大し続けている。そしていま、陸地の4分の1が何らかのかたちで砂漠化の影響を受けており、その面積は日本の面積の約95倍にも達する。

　本章ではこのような砂漠化の現状や原因、そして国際的な対策などについて解説する。

5.1　砂漠化の進行

　砂漠化とは本来、植物のある緑の土地がやせていき、植物が育たない不毛地帯になっていく現象をいう。砂漠化問題が注目され始めたのはいまから約55年前、1960〜1970年代当時にアフリカのサヘル地域で大規模な干ばつが発生したことによる。サヘルはアラビア語で「岸部」を意味する言葉だが、このサヘル地域は通称「飢餓ベルト」ともよばれている（図5.1）。

　この大規模干ばつによりモーリタニア、マリ、チャド、ニジェール、ブルキナファソを中心に100万人が命を落とし、厳しい干ばつが原因で5,000万人が影響を受けるなどの深刻な事態に陥った。サヘル地域では、図5.2に示すように現在でも食べ物が不足し、飲み水すら満足にない状況が続いている。2012

年には、干ばつの他、食糧危機、食糧価格の高騰、紛争からの避難、慢性的貧困が複合した脅威となり、何百万の人びとに影響を与えた。1,800万以上の人びとへ直接被害をもたらす食糧不安と栄養不足は、サヘル地域でいまなお繰り返されている。サヘル地域 6 か国では、計 160 万人の子どもたちが重度の急性栄養不良に陥り、500 万人が食糧支援を必要としている。また、厳しい飼料不足は、移動放牧期間を早めたり、家畜の回廊地帯を変えたりすることにつながり、またコミュニティ間や境界地域における緊張状態を高めている。

図 5.1 サヘル地域の地図

（出典：日本ユニセフ協会より）

そして、食料価格の高騰、世界経済危機による海外からの送金縮小、リビアからの移住者の帰還によって生活状況はひどくなっている。さらに、近年のサヘル地域の北部のテロなどによる治安情勢の悪化は、状況をより一層悪化させている。

また、長期的な「人間の安全保障」の達成の点で、気候変動によって失われる水などの資源や、それを管理する現地政府の行政能力の弱さも大きな課題となっている。サヘル地域では気候変動による飢饉や干ばつが大きな脅威となっており、国連難民高等弁務官事務所（UNHCR）のデータによると、サヘル地

域の気温は2080年までに1876年比で2〜4.3℃上昇するといわれている[1]。

一つの事例として、かつて3,000万人以上に水を供給していたチャド湖が、1960年代以降90%も縮小してしまった。貧困が非常に高いレベルにあるサヘル地域において、気候変動はまさに『生きるか死ぬかの問題』である[2]。

図5.2　ミルク粥の配給を待つサヘル地域の子どもたち

（出典：©Sarah Oughton/©IFRC　日本赤十字社）

5.2　砂漠化の影響を受けやすい乾燥地域の分布

1997年にUNEP（国連環境計画）が区分した定義によると、乾燥地域とは乾燥の程度を表す乾燥度指数(AI)(AI = P（年間降水量）/ PET（年蒸発散量））の低い地域のことで、作物、飼料の育成などが水分の制限を受けている。表5.1に乾燥地域の分類を示す。AIが0.05以下の極乾燥地域には、雨期がなく、人間活動にきわめて制限的な地域（いわゆる砂漠地帯）であり、アフリカのサハラ砂漠などがこれに該当する。

表 5.1 乾燥地域の分類

（出典：「砂漠化する地球」環境省）

乾燥地区分	乾燥度指数	特　徴
極乾燥地域	AI < 0.05	雨期はなく、人間活動に極めて制限的な地域（砂漠）
乾燥地域	0.05 ≦ AI < 0.20	年間降水量 200mm 未満（冬）、300mm 未満（夏）
半乾燥地域	0.20 ≦ AI < 0.50	雨期があり、年間降水量 500mm 未満（冬）、800mm 未満（夏）
乾燥半湿潤地域	0.50 ≦ AI < 0.65	降水が 25%未満、非かんがい農業が盛んな地域

　乾燥地の面積は、それを計算する方法やデータによって値に幅があるが、多くの研究では世界の陸地の 4 割以上と見積もられている。今後、地球温暖化にともないその面積はさらに増えると予測されている。たとえば、1981～2010 年の気候データを用いて、乾燥地面積を 6,340 万平方キロメートル、世界の陸地（南極を除く）の 46.9%にあたり、そこには世界人口の 38.8%が暮らすようになると見積もっている。そして地球温暖化にともない、今世紀末にはさらに 7%の面積を増やす可能性があると予測している[3]。

5.3　砂漠化の原因

　砂漠化の原因には、「気候的要因」と「人為的要因」のふたつが考えられる。気候的要因とは、地球規模での気候変動、干ばつ、乾燥化などである。一方、人為的要因とは、家畜の過放牧（土地の広さ、生産力に対して家畜数が多すぎるために草地の再生産を悪化させるような放牧）、森林減少、過耕作など、乾燥地域の脆弱な生態系のなかで、その許容限度を超えて行われる人間活動のことである。こうした人為的要因は、人口増加、市場経済の進展、貧困などのために生じると考えられている。しかし、乾燥地域、半乾燥地域、乾性半湿潤

地域でさえ、気候変動に起因する砂漠化は全体の 13%にしかすぎず、残りは人間活動、すなわち人為的要因によるものとされている[4]。

人為的要因による砂漠化を促進させているおもな要因として、① 放牧地での過放牧、② 降雨だけに依存している畑での過耕作、③ 灌漑農地の不適切な水管理、④ 薪炭材や建設用木材を確保するための森林の伐採、がよく知られている。この他にも、工業資源の開発、交通施設や都市の建設も砂漠化をもたらす。そして、この砂漠化は、貧困とも密接に関係している。

まず、人口増加や貧困により栄養不足が進むと、より多くの生産活動をして収入を得ようとする。この生産活動とは、先に述べた過放牧や過剰伐採である。これにより、土地や水などが急速に劣化する。そして、劣化による収入の減少を防ぐためにより一層生産活動を加速させ、さらに砂漠化が進行して貧困が進むという負のスパイラルに陥る[5]。

5.4 黄砂被害の状況

黄砂とは、東アジアとくに中国を中心とした砂漠または乾燥地域の砂塵が強風によって巻き上げられ、春期に東アジアの広範囲に拡散し、地上に降り注ぐ気象現象、あるいは拡散した砂自体のことである。代表的な発生地は、タクラマカン砂漠（中国西部）、ゴビ砂漠（中国北部）、黄土高原（中国中央部）であり、これら三大発生地帯の総面積は日本の面積の 5 倍以上にもなる。

これらの発生地は、おおむね年間降水量が 500mm を下回り、ところによっては 100 mm 以下という乾燥地帯であるため、地表が砂で覆われている。また、乾燥地帯が発生地ということはわかっているものの、飛来する砂塵の分析結果から、黄砂は地表面の土壌粒子が強風によって大気中に舞い上がることにより発生するので、土壌粒子が舞い上がる条件さえそろえばどこでも発生する可能性がある。

国内に発生域を抱える中国やモンゴルでは、降塵現象としての黄砂現象より、むしろ黄砂現象の原因となるダストストーム（砂塵嵐）による自然災害が深刻である。発生域の砂漠では、ダストストームの発生は毎年地域社会に甚大な被害を与えており、たとえば 1993 年 5 月に中国北西部で発生したダスト

ストームの場合、83名の死者と12万頭の家畜が死亡する被害が報告されている[6]。

さらに、2021年3月には、「過去10年で最悪」と称されるほどのダストストームが北京を襲った。「世界の終りのよう」と表現した人もいたほどであった。また、発生域に近い韓国では、黄砂現象の発生により大気中の粒子状物質であるPM10[*]がしばしば環境基準値を大幅に超え、ソウル市では黄砂現象発生時に外出禁止令が出されるなど、黄砂現象は深刻な大気汚染問題として認識されている。こうしたことを背景に、2004年12月には日中韓モンゴル4か国の環境大臣による初めての黄砂問題の会合が東京で開催されるなど、近年東アジア諸国の間では黄砂問題への関心が高まっている[7]。

図5.3 黄砂で先が見えないほど深刻な状況にある北京市内

（出典：環境省）

---

[*] PMとはParticle matter（粒子状物質）の略称で、PM10とは大気中に浮遊する粒子状物質のうち、直径が10マイクロメートル（μm）以下の粒子状物質の総量。単位はμg/m3、μ（マイクロ）は1000分の1mm。

日本でも、この黄砂の影響は近年深刻な状況になりつつある。黄砂は年間を通じて日本列島に飛来しているが、とくに2月から増加し始め、4月にピークを迎える。日本全国の85か所の気象観測所における黄砂観測によると、1980年代後半に比べ2000年以降はとくに飛来日数が増加している[8]。

5.5 PM2.5

PM2.5とはその粒子状物質の大きさが$2.5\mu m$であることを意味する。黄砂の他には、工場や建設現場で生じる粉塵、燃焼による排ガス、石油からの揮発成分が大気中で変質してできる粒子などが該当する。人間の髪の毛の直径は約$70\mu m$、スギ花粉は約$30\mu m$であるから、PM2.5はそれらよりもかなり小さい粒子である。このため、ヒトの呼吸器、すなわち鼻腔あるいは口から息を吸うときに容易に肺まで到達することが可能となり、PM2.5の濃度が高くなると、呼吸器系疾患を起こすことがある。現在、北京の上空では、先に述べた黄砂とPM2.5が蔓延しており、多くの市民に健康被害をもたらしている。

日本でも1960年代の高度経済成長期から、日本の代表的な工場地帯での大気汚染物質、まさにこのPM2.5による公害ぜんそくに苦しめられる人びとが増加し、気管支ぜんそく患者が多発した。その後、1970年から公害ぜんそくとして認定された。国内の狭い地域で大量のPM2.5にさらされていた状況であったが、国の政策などにより、環境の整備や患者の救出が行われ、現在ではほとんど問題にならない程度にまで克服されている。

しかし近年、経済発展の最中である中国の工場地帯から偏西風に乗って風下の日本の一部に運ばれてくることが大きな問題になっている。このため、各自治体などで観測したPM2.5の状況を環境省がとりまとめ、設定した濃度基準より、多い、やや多い、少ないなどの情報が、マスコミによって報道されている。

なお、2015年12月、北京では大気汚染の深刻な状況が続いていることから、4段階の警報で最高の「赤色警報」を初めて発令した。PM2.5の濃度は$1m^3$あたり$200～300\mu g$となり、日本の環境基準の5～9倍に達したのである。中国政府は、自動車の通行規制や工場の稼働制限などの緊急処置を行っ

ているが、呼吸器系疾患を訴える患者数は増加し続けている。また、このPM2.5の被害はインドやパキスタンにも拡大しており、北京を上回るほどの勢いで大気汚染が進んでいる[9]。

5.6 砂漠化に対する国際的な取り組み

現在でも進行が進む砂漠化であるが、1960〜1970年代にアフリカのサヘル地域で大規模な干ばつが発生したことを受けて、1977年にUNEP（国連環境計画）がケニアの首都ナイロビで国連砂漠化防止会議（UNCOD）を開催したのが国際的な取り組みの始まりである。ここで、砂漠化防止行動計画が採択されたものの、土壌劣化、砂漠化はむしろ進んでいることが1991年のUNEPにより報告された。その結果1992年、ブラジルのリオデジャネイロで行われた地球サミットにおいて、土壌劣化、砂漠化防止の新たな枠組みを作ることが採択された。

そして、1994年の国連砂漠化対処条約（UNCCD）により、砂漠を「乾燥、半乾燥、乾燥半湿潤地域におけるさまざまな要素（気候変動および人間の活動を含む）に起因する土地荒廃」と定義し、日本は1991年にこの条約に批准した。この条約によって、砂漠化の影響を受けている締約国に対して、日本などの条約に批准した先進国が砂漠化防止のための資金援助を行っている。

UNEPによる2005年のミレニアム生態系評価（2000年の国連総会においてアナン元国連事務総長により実施された生態系の評価。国連砂漠化対処条約を含む4つの条約事務局を通じて情報を収集）によれば、砂漠化の影響を受けやすい乾燥地域に住む人は20億人以上におよび、そのうち少なくとも90％は途上国の人であるとしている。

5.7 砂漠の緑化

砂漠の緑化には、① 元々の自然な環境が砂漠であった土地を緑化すること、② 砂漠化した土地を緑化すること、のふたつがある。①の緑化は、人工的にあるいは異常気象などによって、どこからか水が補われ、そこに新しい生態

系を誕生させることである。人工的な緑化としては、メキシコの砂漠で細いチューブを使って根元に水を与える点滴灌漑や、保水剤を使用した節水農法によって、野菜や果物の栽培に成功した事例が 1986 年に報告されている[10]。

異常気象の例では、2018 年に、サウジアラビアでは、2 か月ほどの間、繰り返し大雨や洪水に襲われ、砂漠が「砂漠ではなくなった」という報道があった。この年の 12 月の上旬頃から砂漠に緑が広がり始め、いまでは多くの砂漠が「緑の大地」となっている。また、2021 年に、中国・新疆ウイグル自治区南部のタリム盆地に位置するタクラマカン砂漠では近年、洪水や豪雨が発生している。大規模な冠水が起き、「砂漠がオアシスに変わった」「大雨が続けばいずれ砂漠が緑地に変わるのでは」と話題となっている。タクラマカン砂漠は中国最大の砂漠で世界でも 10 番目に大きく、流動性砂漠としては世界で 2 番目に大きい。統計では、タクラマカン砂漠の年間平均降水量は 100 ミリ未満で、蒸発量は 2,500〜3,500 ミリに達する[11]。

一方、②の砂漠化した土地を緑化することには意味がある。既述のように、本来は緑豊かであった土地が砂漠化し、生命を脅かす状況が続いている。通常、いったん砂漠化した土地を植林などによって元の肥沃な状態に戻すには数世紀かかるといわれている。次節では、長年に渡って砂漠緑化に挑む日本の NPO 法人の活動を紹介する。

5.8 日本沙漠緑化実践協会の取り組み

NPO 法人日本沙漠緑化実践協会は、故遠山正瑛初代会長（鳥取大学名誉教授）が中心となって設立された砂漠緑化活動を中心とする団体である。地球環境問題の取り組みの一端として、おもに中国・内モンゴル自治区のクブチ砂漠（ゴビ砂漠）における砂漠緑化活動に取り組んでいる。砂漠緑化活動は、ボランティアによる「緑の協力隊」として毎年現地に派遣されている。2021 年までに「緑の協力隊」参加者はのべ 13,000 名、植林本数は 430 万本となり、不毛の砂漠に緑の森林を出現させ、多くの農作物などが生産されるようになった。

遠山初代会長が「われわれは砂漠を研究するのではない、砂漠を緑に変える

実践をする団体なのである」、「やればできる、やらなければ何もできない」とつねに言い続けた言葉が、近年少しずつ現実の姿になりつつある[12]。

　筆者もこの NPO 法人の植林活動に参加したことがある。この活動に参加した理由は、筆者が担当する大学の講義で、リアルな砂漠化の現状を学生に知ってほしかったからである。モンゴルのパオトウから隣のウランブハ砂漠へ移動した（隣の砂漠といっても何百キロも離れている）。大陸の大きさに驚く一方で、遠くの上空で見える霧のようなものが気になった。これが中国の大気汚染だとわかったとき、改めて中国における環境問題の厳しい現状を実感することができた。

　ウランブハ砂漠に到着すると、早速、緑化活動が始まった。乾燥に強いポプラの苗木を植えていった。スコップで穴を掘っても、すぐにサラサラの砂が流れ込んでくる。日中の気温は 40℃を超え、そして、70℃近くの熱がある砂を相手にひたすら穴を掘り、ポプラを植え続けた。最初は張り切って穴を掘っていた筆者も徐々にペースダウンしていった。しかし、参加者の方と会話を交えながらの作業はとても楽しいものであった（図 5.4）。

図 5.4　砂漠緑化活動にて植えられたポプラの苗木
（出典：緑化活動に参加した方の撮影）

最後の目的地であるクブチ砂漠の恩格貝（おんかくばい）という地域では、砂漠緑化に成功した緑豊かな町並みを拝見することができた。ここには、既述の遠山正瑛先生の銅像が立てられていた。「考えていいと思ったことはやろう。やらなかったら物事は進まない。そして、一度始めたらやり続けることだ。」「諦めたら終わり。これまでのことが全部失敗に終わってしまう。諦めない限りは成功なのだ。」当時95歳の先生の言葉である。いまの自分に何ができるか。何をやらなければならないのか。この植林活動への参加は、環境教育に携わるものとして、いま一度自分の人生を見つめ直す機会となった[13]。

第6章

公害問題と有害物質

　2013年に採択された水俣条約は、地球規模の水銀および水銀化合物による汚染や、それによって引き起こされる健康および環境の被害を防ぐため、国際的に水銀を管理することを目指すものである。一方、日本の四大公害病のひとつである水俣病が発生したのは1956年のことである。実に半世紀以上経過した後に、水銀管理に関する国際条約がようやく認められたのだ。現在、地球環境問題が注目されることが多いが、この問題を引き起こすきっかけになったのは公害問題とみることもできる。

　本章では、まず、公害とは何か、公害の歴史などについて解説し、次に、この公害対策としての日本や世界における環境規制について述べる。そして、より生活に近い観点から、身近な有害物質や環境ホルモンなどについて解説する。

6.1　典型7公害

　1993年に成立した環境基本法によると、公害は「環境の保全上の支障のうち、事業活動その他の人の活動に伴って生ずる相当範囲にわたる大気の汚染、水質の汚濁（水質以外の水の状態が悪化することを含む）、土壌の汚染、騒音、振動、地盤沈下（鉱物の採掘のための土壌の掘削によるものを除く）および悪臭によって、人の健康または生活環境（人の生活に密接な関係のある財産並びに人の生活に密接な関係のある動植物およびその生育環境を含む）に係る被害が生ずること」と定義している。

すなわちこの法律では、典型7公害として、大気汚染、水質汚濁、土壌汚染、地盤沈下、騒音、振動、悪臭の7種類をあげている。とくに、騒音、振動、悪臭は、都市生活型公害ともいわれ、法律や条例などで規制基準が設定されているが、感覚公害（人の感覚を刺激して、不快感やうるささとして受け止められる公害）の側面を有していることから、規制範囲内であっても個人によっては不快感を与えるものとなり、問題となることが多くなっている。

図6.1に、典型7公害の種類別公害苦情件数の推移を示す。典型7公害の公害苦情受付件数を典型7公害の種類別にみると、「騒音」が最も多く、次いで「大気汚染」、「悪臭」と続く。これらの上位3公害の合計は全体の8割以上を占めている。

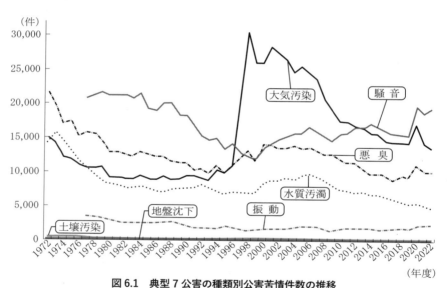

図6.1 典型7公害の種類別公害苦情件数の推移

（出典：「令和4年度公害苦情調査結果概要」総務省）

6.2 公害の歴史

日本の公害は、明治時代に栃木県渡良瀬川流域で発生した足尾銅山鉱毒事件が最初であるといわれている。足尾銅山は1610年に発見されて以来、1973

年までの約350年間続いた日本最大の鉱山であった。1885年頃から鉱滓（銅の精錬時にでるカス）によって魚が死に、泥が毒性をもつなどの異変が発生した。栃木県出身の政治家である田中正造がこの鉱毒事件について国会審議に持ち込み、鉱毒調査機関の設立は決定されたが、操業停止にはならなかった。そして、1900年に農民らが東京へ操業停止の陳情に出かけようとしたところ、途中の群馬県邑楽郡佐貫村大字川俣村（現・明和町川俣）で警官隊と衝突する事件がおきた（川俣事件）。これを機に、田中正造は明治天皇に足尾銅山鉱毒事件について直訴を行おうとしたが、途中で警備の警官に取り押さえられて直訴そのものには失敗したが、東京市中は足尾銅山で起こっていることを知り大騒ぎになり、直訴状の内容は広く知れ渡った。しかし、日清戦争の勝利や日露戦争への備えなどもあり、鉱山操業がなおも優先された。結局、1917年、住民は移住することを余儀なくされ、汚染地域は遊水地とする処置がとられた[1]。

そして、戦後の日本は重化学工業が急速に進んだ高度経済成長期（1954～1973年）に突入し、産業公害がさらに加速した。とくに、「四大公害病」といわれる、①水俣病、②新潟水俣病、③イタイイタイ病、④四日市ぜんそく、については法整備が不十分であったため、地域住民に深刻な健康被害をもたらし、これらはすべて訴訟にまで発展した。

水俣病は、1956年に熊本県水俣湾周辺で発生が報告された有機水銀による健康被害である。1950年頃から、痙攣して飛び跳ねながら海に飛び込む猫の奇妙な行動が確認された。1956年頃には、5歳の幼女が歩行障害や狂躁状態となり、日本窒素（日本窒素肥料株式会社）水俣工場附属病院に入院することとなった。この病状の原因物質として、日本窒素水俣工場からの廃液が疑われた。日本窒素は、第二次世界大戦終戦までは、大量に火薬を製造する軍需産業でもあった。戦後は、塩化ビニル樹脂などの生産で収益を上げ、この製造過程の触媒として無機水銀が使われていた。そして、この無機水銀が有機水銀（メチル水銀）に変化し、工場廃液に混入したことが水俣病の原因となった。

また、このメチル水銀は生物濃縮（食物連鎖の過程で、汚染物質の濃度が増えていくこと）により高濃度となり、地域住民は近海で獲れた高濃度に汚染された魚介類を食べて病気が発症したのである。2006年3月末までに水俣病

認定申請した人数は約1万8,000人であるが、公害認定された患者は2,266人のみである。実際、いまだに患者数の全体像はつかめておらず、推定約20万人ともいわれている。このように水俣病は現在進行形の問題でもある[1]。

新潟水俣病は、1965年に新潟大学医学部の椿忠雄教授らが、阿賀野川下流域の漁民の間で有機水銀中毒とみられる水俣病患者が集団発生していると発表した健康被害である。水俣病と同様に有機水銀が原因であることから第二水俣病ともいわれている。また、翌1966年に、厚生省（現厚生労働省）の研究班が昭和電工の鹿瀬工場の排水溝から有機水銀を検出し、病気の原因がこの工場からの排水にあることをつきとめた。

現在、有機水銀による神経疾患は世界中で発生している。カナダ・オンタリオ州のパルプ工場からの汚染、中国吉林省の化学工場からの汚染、ブラジル・アマゾン川支流の金採掘現場からの汚染などが有名である[4]。2013年に採択された水俣条約の背景には、水俣病の発生から半世紀以上たったいまも、世界各地で水銀汚染が広がっている現状がある。

図6.2　金−水銀アマルガムの作成（水銀を使った金の吸着作業）
（出典：環境省国立水俣病総合研究センター）

イタイイタイ病は、1955年に富山県神通川流域で発生した重金属であるカドミウムを原因とする健康被害である。岐阜県の三井金属鉱業株式会社神岡鉱業所（神岡鉱山）から長期間にわたり大量排出されたカドミウムは、その下流域である富山県に広がっていった。イタイイタイ病は骨がもろくなり、身体中に激痛が走る病気である。患者が「イタイ、イタイ」と叫ぶためにこの病名が名づけられた。医師が脈拍を測定するために患者の腕を持ち上げたり、患者が咳をしたりするだけでも骨が折れ、激痛をともなう。全身で72か所も骨折したという患者もいるほどの大変恐ろしい病気である。

　イタイイタイ病は、原因判明までに二転三転した典型的な公害病である。最初は、富山県熊野町（神通川左岸）の荻野病院の荻野医師らが唱える「イタイイタイ病カドミウム原因説」と、岐阜大学・厚生省・文部省らの反鉱毒説であった。この争いは、反鉱毒説側の非人道的な対応もあり、裁判にまで発展した。患者らと三井金属の裁判は一審、二審とも患者側の勝利となった。しかし、この裁判後、イタイイタイ病が公害病として認定されたにも関わらず、認定委員長にカドミウム原因説に反対する金沢大学医学部長が就任し、さらに、東大医学部が背後からこの医学部長に加勢したのが原因で、公害病認定のハードルを高くした[4]。

　なお、現在では、三井金属側がイタイイタイ病被害者への対応として、賠償金や医療費の支払いと同時に、今後公害を発生させないことを確約し、また、被害者団体と科学者による工場への立ち入り調査と資料収集を認め、その費用を企業側が負担するなど、加害―被害の歴史を通じて「緊張感ある信頼関係」が保たれている[2]。

　四日市ぜんそくは、1960～1970年代に三重県四日市市の石油化学コンビナートから排出された硫黄酸化物（SO_x）を中心とする排気ガスが原因で発生した健康被害である。工場経営者の環境への意識が希薄であったため、ぜんそくや気管支炎を発症する地域住民が多数出た。1970年代後半になって患者数は減少したものの、2005年時点でも公害病認定されたぜんそく患者は約5万人いる。大気汚染が改善されてきても患者数が多い理由は、子どもや若者は成長段階で回復することがあるが、中高年の場合は呼吸器障害の回復が難しく、長期にわたって継続することがあるためである[1]。

6.3 日本の環境規制

　明治時代の殖産興業政策にはじまり戦後の高度経済成長期にかけて、日本の大気、水質、土壌はきわめて汚染された状態となり、前節で述べたように重大な公害問題を引き起こした。この背景には、法律による規制が不十分なまま、経済成長のみを重視した政策、戦後の貧しさから豊かさを追求してきた国民のライフスタイルの変化など、複合的な原因がある。

　このような公害問題に対して、国は1967年に「公害対策基本法」を制定した。また、このときの臨時国会は「公害国会」とよばれ、公害関連法の抜本的な見直しがなされた。「公害対策基本法」改定案、「大気汚染防止法」改定案、「水質汚濁防止法」など公害関連14法案が提出され、すべて可決・成立したのである。そして1971年、日本の公害対策から自然保護までを政策的かつ包括的に取り扱う環境庁が設置され、現在の環境省に引き継がれている。

　大気汚染物質に関しては、環境基本法でその環境基準が定められている。表6.1に大気汚染に係わる環境基準を示す。

　ただし、この環境基準は行政上の政策目標であるため「維持されることが望ましい基準」であり、規制基準ではない。なお、工場や自動車などの個別の発生源に対しては、大気汚染防止法により汚染物質の排出基準や総量規制基準が定められている。

　この法律が定める規制対象物質は、① ばい煙（硫黄酸化物（SO_x）、ばいじん（すすなど）、窒素酸化物（NO_x）、カドミウムおよびその化合物、塩素および塩化水素、フッ素、フッ化水素およびフッ化ケイ素、鉛およびその化合物）、② 粉じん（一般粉じん（セメント粉、石炭粉、鉄粉など）、特定粉じん（石綿）など）、③ 自動車排出ガス（一酸化炭素（CO）、炭化水素（HC）、鉛化合物、窒素酸化物、粒子状物質（PM）など）、④ 有害大気汚染物質（ベンゼン、トリクロロエチレン、テトラクロロエチレンなど）、⑤ 揮発性有機化合物（VOC）（トルエン、キシレンなど）である。

　また、移動発生源である自動車に対しても大気汚染防止法により排出ガス量の許容限度が定められ、また大都市地域の大気汚染改善のため、自動車NO_x・PM法により所有・使用できる自動車を制限している。

表 6.1　環境基本法で定められている大気汚染に係わる環境基準

（出典：「大気汚染に係る環境基準」環境省から筆者作成）

分類	物質	環境上の条件
大気汚染に係る環境基準	二酸化硫黄 (SO_2)	1時間値の1日平均値が0.04ppm以下であり、かつ、1時間値が0.1ppm以下であること
	一酸化炭素 (CO)	1時間値の1日平均値が10ppm以下であり、かつ、1時間値の8時間平均値が20ppm以下であること
	浮遊粒子状物質 (SPM)	1時間値の1日平均値が0.10mg/m^3以下であり、かつ、1時間値が0.20mg/m^3以下であること
	二酸化窒素 (NO_2)	1時間値の1日平均値が0.04ppmから0.06ppmまでのゾーン内またはそれ以下であること
	光化学オキシダント (Ox)	1時間値が0.06ppm以下であること
有害大気汚染物質（ベンゼンなど）に係る環境基準	ベンゼン	1年平均値が0.003mg/m^3以下であること
	トリクロロエチレン	1年平均値が0.13mg/m^3以下であること
	テトラクロロエチレン	1年平均値が0.2mg/m^3以下であること
	ジクロロメタン	1年平均値が0.15mg/m^3以下であること
ダイオキシン類に係る環境基準	ダイオキシン類	1年平均値が0.6pg-TEQ/m^3以下であること（pgはピコグラム。1pg=10^{-12}g）
微小粒子状物質に係る環境基準	微小粒子状物質	1年平均値が15μg/m^3以下であり、かつ、1日平均値が35μg/m^3以下であること

そして、水質汚濁とは、河川・湖沼・海域などの水質が、事業所や家庭からの生活排水などによって汚染されることをいう。水質汚濁は、人間の飲み水に影響を与えるだけでなく、多くの生態系を破壊する恐れがある。本来、自然界には自浄作用があるため、人間活動により汚染されたとしても、微生物などが汚染物質を分解することにより元の状態に戻すことができる。しかし、汚染物質の排出量が自浄作用の能力を超えると水質汚濁が始まる。水俣病やイタイイタイ病などの公害病の原因となった有機水銀やカドミウムは、きわめて重大な水質汚濁を招く。このような重金属の直接的な垂れ流しは現在日本では厳しく規制されているが、家庭からの台所排水、洗濯排水などの生活排水や、農業、畜産、食品関連事業所からの排水が問題になっている。

これらの排水の中には、有機物、窒素、リンなどが含まれている。有機物は、水中の微生物により分解されるが、有機物の量が多いと酸素量が減少し、有機物が腐敗して水底に沈殿する。また、硝酸塩やリン酸塩などの栄養塩類が増えると、富栄養化してプランクトンや藻類が大量発生し、赤潮やアオコ（富栄養化により藻類が異常増殖し、湖沼が緑色に変化すること）の原因となる。

このような水質汚濁については、大気汚染と同様に環境基本法により環境基準が定められている。しかし、大気汚染防止法と同様に、この環境基準は行政上の政策目標であるため「維持されることが望ましい基準」であり、規制基準ではない。

また、水質汚濁防止法では、人に健康被害を起こす恐れのある健康項目 27 種類（表 6.2）と、BOD（生物化学的酸素供給量：水中の汚染物質を分解するために微生物が必要とする酸素量）や COD（化学的酸素供給量：水中の汚染物質を化学的に酸化し、安定化させるために必要な酸素量）などの生活環境項目 15 種類について定めている。

このような規制により水質を保全することは重要であるが、本来、水は自然によって浄化されるものである。雨が降り、雨が森で蓄えられ、川を伝って海へと戻る過程で、水は浄化されると同時に生命にとって必要な栄養素を各地へ運ぶ。森・川・海の役割を理解し、自然本来の姿に戻すことが何よりも大切なことである。

表 6.2 環境基本法で定められている水質汚濁に係る環境基準

(出典：「別表 1 人の健康の保護に関する環境基準」環境省
ttps://www.env.go.jp/kijun/wt1.html から筆者作成)

項目	基準値	項目	基準値
カドミウム	0.003mg/L 以下	1,1,2-トリクロロエタン	0.006mg/L 以下
全シアン	検出されないこと	トリクロロエチレン	0.01mg/L 以下
鉛	0.01mg/L 以下	テトラクロロエチレン	0.01mg/L 以下
六価クロム	0.02mg/L 以下	1,3-ジクロロプロペン	0.002mg/L 以下
ヒ素	0.01mg/L 以下	チウラム	0.006mg/L 以下
総水銀	0.0005mg/L 以下	シマジン	0.003mg/L 以下
アルキル水銀	検出されないこと	チオベンカルブ	0.02mg/L 以下
PCB	検出されないこと	ベンゼン	0.01mg/L 以下
ジクロロメタン	0.02mg/L 以下	セレン	0.01mg/L 以下
四塩化炭素	0.002mg/L 以下	硝酸性窒素および亜硝酸性窒素	10mg/L 以下
1,2-ジクロロエタン	0.004mg/L 以下	フッ素	0.8mg/L 以下
1,1-ジクロロエチレン	0.1mg/L 以下	ホウ素	1mg/L 以下
シス-1,2-ジクロロエチレン	0.04mg/L 以下	1,4-ジオキサン	0.05mg/L 以下
1,1,1-トリクロロエタン	1mg/L 以下		

　大気汚染や水質汚濁と異なり、土壌汚染は移動性が低く、土壌中の有害物質は拡散しにくいという特徴がある。しかし、その場に留まる汚染物質は拡

散・希釈もされにくいため長期に渡り汚染状態が続き、人の健康に悪影響を及ぼす可能性がある。また、汚染物質が地下水まで浸透すると、汚染の範囲が広がる可能性もある。土壌を汚染する物質には、鉛、六価クロムなどの重金属の他、トリクロロエチレンやテトラクロロエチレンなどの有機溶剤などがある。

土壌汚染件数が急激に増加し始めた2002年に、土壌汚染対策法が制定された。この法律では、有害物質使用施設が廃止された土地の他、3,000m^{2}以上の土地の形質変化をともなう場合などに土壌汚染調査が義務付けられている。基準値を超える特定有害物質が検出された場合には、都道府県知事が要処置区域に定めることとなっている。さらに、都道府県知事は土地の所有者に対して汚染物質の除去命令を出すことになっている。

2011年3月、東日本大震災に起因する福島第一原発事故により、放射性セシウムが広範囲に飛散して各地に甚大な土壌汚染を及ぼし、放射性物質の除去（除染）が急務となった。この事故を受けて2011年8月、放射性物質汚染対処特措法が制定され、追加被ばく線量を1mSv（自然被ばく線量は世界平均で2.4mSv）と定めて、除染特別地域を定めて除染作業が進められた。

6.4 世界に発信するEUの環境規制

欧州連合（EU）では、2000年にELV指令（廃自動車指令）が施行され、自動車の部品・材料に鉛、水銀、カドミウム、六価クロムの4物質を非含有にしなければ、EU加盟国に輸出できなくなった。また、2006年にRoHS指令（電気電子機器に含まれる特定有害物質の使用を制限する指令）が施行され、上記物質の他にポリ臭化ビフェニル、ポリ臭化ジフェニルエーテルの電気電子機器への使用を禁止している。

さらに2007年には、人の健康と環境の保護および、EU化学産業の競争力の維持向上を目的としてREACH規制が施行され、化学物質の総合的な登録、評価、認可、制限などが定められた。日本の輸出産業の中心である自動車や電気電子機器は、これらの規制物質を多くの部品で使用していたことから、代替材料などの技術開発に迫られた。

日本の自動車や電気電子機器はEUだけでなく、全世界に輸出されている。また、これらの製品は輸出先の規制に合わせて製品の仕様を変えるのではなく、全世界に共通の製品を大量に製造することで初めてコスト競争力が生まれる。すなわち、EU対応としてEUのためだけに特別仕様の製品を生産するとコストが高くなるため、EU規制に合わせて同じものを大量に生産することでコストを下げるのである。EUは環境先進国のイメージが強く、環境規制のスタンダードを世界に発信しているように思われがちだが、実はこのような市場原理も後押ししていると考えられる。

6.5 有害物質の毒性

　私たちの生活のなかには、さまざまな有害物質が存在する。これまでに述べてきた公害問題や近年の環境汚染問題なども有害物質によるものである。これらの有害物質は、① 口から摂取されて消化管から吸収されるもの、② 呼吸によって肺から吸収されるもの、③ 皮膚や粘膜から吸収されるものなどがある。われわれの身体は本来、栄養を吸収し、それらを代謝により栄養分やエネルギーに変えた後、不要なものを排泄するという一連の働きをする（体内動態）。有害物質とは、この本来の機能を阻害する物質のことをいう。

　これらの有害物質は、発症する時間によって① 急性、② 亜急性、③ 慢性、の3種類に分類することができる。1995年に起きた地下鉄サリン事件に使用されたサリン、1998年の和歌山ヒ素入りカレー事件に使用されたヒ素などは典型的な急性であり、短時間で死に至る。亜急性としては、有機水銀による水俣病、カドミウムによるイタイイタイ病などである。そして、慢性としては、生活における合成洗剤の長期使用や長年の喫煙習慣、塩分の過剰摂取などがそれに該当する。いくつかの有害物質のLD_{50}（半数致死量）を表 6.3 に示す。

　また、有害物質はそれを取り込んだ後の病状によって分けることもできる。有害物質の毒性として、① 体内に存在する細胞が有害物質によって障害を受ける細胞毒性、② 有害物質により精子や卵子の形成障害、生殖能力の低下、妊娠障害（流産）などを引き起こす生殖・発生毒性、③ 母体から胎盤を通じて胎児に悪影響を及ぼす催奇形性、④ 遺伝子に突然変異や染色体異常を起こ

す変異原性、⑤ 有害物質が直接あるいは肝臓などで代謝され活性化した後、DNA に結合することでがんを誘発する発がん性、⑥ アレルギー症状を引き起こすアレルギー性、⑦ 身体が、体内ホルモン（次節参照）と有害物質を勘違いして取り込んでしまう内分泌撹乱性などがある[3]。

表 6.3　有害物質の LD_{50}

（出典：「暮らしと環境：食の安全性」三浦敏明・扇谷悟・多賀光彦 監、三共出版（1998）p.31 から筆者作成）

有毒物質名	LD_{50} (mg/kg)
ボツリヌス菌毒素	0.00001
ダイオキシン	0.001
リシン（トウゴマ毒）	0.003
テトロドドキシン（フグ毒）	0.1
サリン	0.35
ニコチン	1
アコニチン（トリカブト毒）	1.8
青酸カリ	10
食塩	4000

※LD_{50} はラットやマウスなどの実験動物の半数を一定時間内に死亡させる毒物の量。多くの場合、体重 1kg あたりの mg 数で表す。

6.6　環境ホルモン

　人間の身体は、暑いときに汗をかき、緊張したときには心臓の鼓動が早くなる。また多くの場合、暗くなると眠くなり、明るくなると目が覚める。これらの原因は体内で合成される生理活性物質のはたらきであり、これらの物質はホルモンとよばれている。

一方、このホルモンに似た働きをするホルモン様化学物質は、環境ホルモン（内分泌攪乱物質）といわれている。環境ホルモンは、生活環境に存在するいろいろな微量の化学物質がホルモンのように働き、野生生物や人間の身体に対して異常を引き起こす。

表6.4 報告されたおもな野生生物の異常
（出典：「外因性内分泌攪乱化学物質問題に関する研究班中間報告」環境庁編）

生物	現象	疑いのある化学物質	確認された国
イボニシ（巻き貝）	雌の生殖器の雄性化	トリブチルスズ	日本、イギリスなど
ローチ（コイ科）	雌雄同体化	合成女性ホルモン	イギリス
サケ	甲状腺の異常	未特定	アメリカ
ワニ	雄の生殖器の異常など	ジコホル	アメリカ
スッポン	孵化率の低下など	PCBなど	アメリカ
カモメ	雄の雌化など	PCBなど	アメリカ
メリケンアジサシ（鳥類）	生殖率の低下	ダイオキシンなど	アメリカ
ゼニガタアザラシ	個体数の減少	PCB	オランダ
シロイルカ	卵巣の異常など	PCBなど	カナダ
バンドウイルカ	大量死	DDEなど	アメリカ
フロリダピューマ	精巣異常	水銀など	アメリカ
クマ	雌の生殖器の雄性化	未特定	カナダ

このことは、1997年に、シーア・コルボーンらによって執筆された『奪われし未来（OUR STOREN FUTURE）』によって最初に問題提起された。本来は、ホルモンとレセプター（受容体）が結合して細胞核に侵入し、各種の正しい指令や情報を与えてホルモン作用を行い、役目を終えるとすぐに離脱する。しかし、環境ホルモンがレセプターと結合して核に侵入すると、離脱することなくがん細胞の増殖など誤った指令を出し続けるのである。低温の焼却炉や野焼きなどで発生しやすいダイオキシンもこの環境ホルモンの一種であり、野生生物の生殖率の低下や、人間にがんを発病させることが報告されている。

表6.4に、報告されているおもな野生生物の異常、表6.5に環境ホルモンの影響が疑われる人のおもな健康被害を示す[4]。

表6.5 環境ホルモンの影響が疑われる人のおもな健康障害

（出典：「環境・エネルギー・健康20講：これだけは知ってほしい科学の知識」
今中利信・廣瀬良樹、化学同人(2000) p.150）

精子への影響	精子数の減少、精子の運動率の低下、精子の奇形率の増加
子宮への影響	子宮内膜症、不妊症
がん	精巣がん、前立腺がん、乳がん、子宮がん、卵巣がん
免疫異常	自己免疫疾患、アレルギー
先天異常	尿道下裂、停留睾丸、小陰茎、精液の異常
発育障害	性的早熟
神経系への影響	生殖行動の異常、発達障害（脳など）、性機能障害、情緒障害

近年、新築の住居などで使われるペンキや接着剤の成分であるホルムアルデヒドによりシックハウス症候群を発症する事例が多数報告されているが、これも環境ホルモンの典型的な事例である。この他、環境ホルモンは大量の農薬を使って栽培された野菜や穀物などにも含まれている場合が多く、急性的に発病することはないものの、慢性的に体内に取り込まれている危険性がある。

6.7 自然界の猛毒生物

これまでおもに人工的に合成された化学物質を中心に有害物質を紹介してきたが、本章の最後に、自然界に存在する猛毒生物を紹介する。行楽シーズンになると、海や山に出かけることがあるが、近年の地球温暖化の影響もあり、スズメバチやオニヒトデといった猛毒生物が異常繁殖し、行楽客がその被害にあったというニュースをよく耳にすることがある。

表 6.6　世界の猛毒生物の順位

(出典:「猛毒動物 最恐 50」今泉忠明、SB クリエイティブ(2008)から筆者作成)

順位	生物名	種類	LD_{50} (mg/kg)	毒の種類	生息分布
1	マウイイワスナギンチャク	イソギンチャク	0.00005〜0.0001	神経毒	マウイ島
2	ゴウシュウアンドンクラゲ	クラゲ	0.001	混合毒	オーストラリア
3	ズグロモリモズ	鳥	0.002	神経毒	中米
4	モウドクヤドクガエル	カエル	0.002〜0.005	神経毒	南米
5	ハブクラゲ	クラゲ	0.008	混合毒	インド洋〜琉球列島
6	カバキコマチグモ	クモ	0.005	神経毒	日本（沖縄以外）
7	カリフォルニアイモリ	イモリ	0.01	神経毒	アメリカ
8	アンボイナガイ	貝	0.012	神経毒	インド洋・太平洋
9	ヒョウモンダコ	タコ	0.02	神経毒	西太平洋熱帯域・亜熱帯域
10	インランドタイパン	ヘビ	0.025	神経毒	オーストラリア

自然界の猛毒生物もまた食物連鎖の一部であって、言うまでもなく生態系にはなくてはならない存在である。しかしながら、先に述べた地球温暖化や人間の身勝手な乱獲、ライフスタイルの変化など複合的な要因によって一部の猛毒生物が異常繁殖する場合がある。自然界の猛毒生物のなかには、化学物質とは比較にならないぐらい毒性の高いものもいる。表 6.6 に世界の猛毒生物の順位を示す。

第7章

リデュース・リユース・リサイクル（3R）

われわれは、つねにごみを排出しながら生活している。このごみは、われわれの生活が豊かになるにともない、増加し続けてきた。ごみの増加は、埋め立て地の不足、資源の枯渇、そしてごみ処理の責任に関する問題などを引き起こしている。これらの問題を解決するためには、ごみの排出量を減らし、排出されたごみを再利用、または再生利用することが重要となる。

本章ではまず、ごみ問題の現状について説明する。次に、持続可能な社会を構築していた江戸時代からごみ問題を抱える現在までの、ごみの歴史について述べる。そして、この歴史に沿ってリサイクルに関する法律や、これまでのリサイクル率の推移などを解説する。最後に、リサイクルについて最も重要な概念である社会的責任と、政令指定都市のなかでもごみ問題について先進的な取り組みを行っている京都市の政策について言及する。

7.1 ごみの問題

人間は物がないと生きていけない。人間は寒いときには上着を着る。食事を作るときには包丁や鍋などの調理道具を使い、食べるときには箸やお皿を使う。そして、寝るときには布団に入る。これらの物は人間が生きていくために最低限必要な物である。

さらに、人間は生活を豊かにするためにさまざまな物を使う。私たちの身の回りにある物をよく見てもらいたい。テレビ、洗濯機、スマートフォン、パソコンなど数え切れないほどの物が溢れている。そして、物は使用後や、

第 7 章　リデュース・リユース・リサイクル（3R）

不要になったときにごみとして排出される。これらのごみは資源から作られている。

たとえば、ペットボトルやスーパーのレジ袋などは石油から作られ、アルミ缶やスチール缶は鉱石からできている。これらの資源には限りがある。したがって、物をごみとして排出することは資源を減らしているということになる。無論、地球にも資源を生産する能力はある。しかし、現在の先進国を中心とする資源の消費スピードは、地球が資源を生産するスピードをはるかに凌いでいるのである。

わが国におけるごみの排出量は、第二次世界大戦後に急激に上昇した。戦後、日本では経済を成長させるために物を大量に生産し、大量に消費した。図 7.1 に示すように、1975 年に約 4,000 万トンだったごみが、2000 年には約 5,200 万トンを超えた。その後、ごみ処理関連法の施行によりごみ排出量は減少し、近年は再び 4,000 万トン近くまでになった。

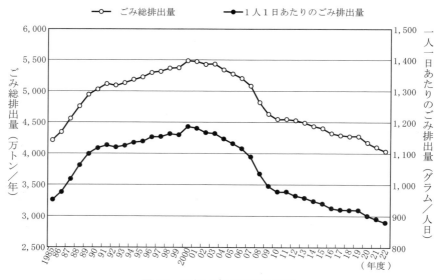

図 7.1　日本のごみ排出量の推移

（出典：「日本の廃棄物処理　令和 4 年度版」環境省より著者作成）

しかし、「世界の廃棄物発生量の推計と将来予測　2020改訂版」[1]によると、2050年の世界のごみ排出量の推計は320億トンに到達すると試算している。同改訂版によると、急激な人口増加（2050年には97億人になる予測）と、GDPの増加が背景にあるとしている。

ところで、世界でごみが大量に出始めたのは1760年から1830年、すなわち産業革命の頃からである。1776年にJ.ワット（1736-1819）により、石炭を燃料とする蒸気機関が発明された。この蒸気機関は、おもに紡績機の動力に利用され、繊維の生産効率を高めた。さらに、蒸気機関車の登場により、作られた繊維は広範囲に運搬された。この結果、人間は容易に繊維を手に入れられるようになった。このようにして、人間の生活は「大量生産・大量消費」へと移行していった[2]。

そして、このようなごみの大量排出は多くの問題を引き起こした。そのうちのひとつが埋立地の不足である。ごみを埋め立てできる量よりも、排出されるごみの量の方が圧倒的に多いため、ごみを埋め立てられない状況にあった。1957年、東京に大型埋立地である「夢の島」がつくられたが（図7.2）、大量のごみを正しく処分する技術がなかったために害虫や悪臭といった問題が発生した[3]。

図7.2　ごみを埋め立てて夢の島を建設する様子

（出典：東京都環境局提供）

このように、物をごみとして排出するだけでは新たな問題を生みだし、資源の枯渇の観点から問題の解決にはならない。したがって、持続可能な社会の構築のためには、ごみの排出量を減らし、排出されたごみを再利用、または再生利用することが重要となる。

7.2 ごみの歴史

化石燃料のひとつである石油は、われわれの生活になくてはならない資源である。この石油は、おもにエネルギー源やプラスチック製品の原料として利用されている。現在、日本はアメリカや中国、インド等についで6番目に石油を消費している国である[4]。しかも、この石油はほぼ100%外国から輸入されている。

一方、江戸時代は250年もの間鎖国をしていたため海外からの輸入品はなく、自給自足の生活をしていた。もともと日本は天然資源が乏しいため、現在ではごみとして排出される物を商品として取引していた。すなわち、資源を何度も再利用していたのである。江戸時代は人口約120万人の大都市であったにも関わらず、世界一綺麗な街といわれていた。ここでは、この江戸時代に焦点をあて、当時の人びとの生活から循環型社会のヒントを得る。

江戸時代のリサイクル業者はふたつに大別することができる。ひとつは修理・再生業者、すなわち、壊れてしまって使えない物を修理する業者である。以下に代表的なものをあげる。

鋳かけ屋：穴があいた鍋や釜などを修理する専門業者のことである。鋳かけ屋は炉を使って金属を加熱し、穴があいた部分に別の金属を貼り付けたり、折れた金属棒を溶接したりしていた[5]（図 7.3(a)）。

下駄の歯入れ：下駄のもっとも痛みやすい部分である歯を交換する専門業者のことである。注文を受けた場所で、古い歯を抜き、新しい歯を入れ直した[6]（図 7.3(b)）。

江戸時代におけるもうひとつの専門業者は回収業者である。現在ではちり紙交換が小規模ながら行われているが、江戸時代では大規模な商売だった。以下に代表的なものをあげる。

紙くず拾い：現在のちり紙交換と違い、当時は紙を回収する業者のなかでもお金がない業者の場合、町中の落ちている紙を拾い古紙問屋に売った。このような業者でも昔は最低限の生活ができたほど紙は貴重な物であった[7]（図 7.3(c)）。

(a) 鋳かけ屋　　　　　　　　(b) 下駄の歯入れ

(c) 紙くず拾い　　　　　　　(d) 傘の古骨買い

図 7.3　江戸時代のリサイクル業者

（出典：「大江戸リサイクル事情」石川英輔、講談社(1994)）

傘の古骨買い：現在では骨の折れた傘は捨てられることが多いが、江戸時代の傘は紙と竹でできていて、壊れてもリサイクルをしていた[8]（図 7.3(d)）。現在では当然ごみとして排出されるような物でも、江戸時代ではこのようにリサイクルをしていたのである。無論、江戸時代のような生活を現在で行

うのは難しいだろう。なぜなら江戸時代のリサイクルは、生活の貧しさから脱却をするために、知恵を絞って誕生したものだからである。しかし、持続可能な社会の構築の観点から、江戸時代の庶民の物を大切に使う精神は見習うべきであろう。

7.3 廃棄物・リサイクルに関する法律

　このように、江戸時代は徹底した資源のリサイクルにより持続可能な社会を構築していた。ところで、ごみ処理に関する法律が最初にできたのはこの江戸時代である。江戸では人口が急増したため、ごみを捨てる場所を指定しなければならなかった。このため、江戸幕府は永代浦（現在の東京都江東区）をごみの投棄場にすることを定めた。そして、明治時代には外国との貿易が盛んになり、コレラやペストなどの伝染病を防ぐ必要があった。そこで1890年に汚物掃除法が定められた[9]。ここではじめて「焼却」という言葉が登場する。その後、1954年に汚物掃除法を改良し、公衆衛生の向上を目的とした清掃法を定めた。

　そして、現在の日本のごみ処理に関する法律の基本となるのが1970年に定められた「廃棄物処理法」であり、この法律で初めて一般廃棄物と産業廃棄物とを区別し、国民、地方自治体、事業者のごみ処理責任と処理方法までを定めた[*]。また2000年に、リサイクルに関する法律の基本となる循環型社会形成推進基本法が定められたのである。

　循環型社会形成推進基本法では、「循環型社会」を以下のように定義している。循環型社会とは、製品などが廃棄物などになることが抑制され、並びに製品などが循環資源となった場合、この資源が適正に循環的な利用が行われることが促進され、環境への負荷ができる限り少ない社会のことである（同法第2条）。また、この法律では循環型社会を構築するために、国・自治体・事業者・国民がごみに対して公平に責任をもつものと定めている。

---

[*] 2000年の改正では、排出事業者に対する最終処分の確認の義務付けや、不適正処理の罰則強化などを実施。2005年の改正では、産廃管理票（マニフェスト）の虚偽記載や、無許可の廃棄物輸出に対する罰則強化などを追加した。

表7.1 廃棄物・リサイクルに関する法律

制定年	名称	内容
1970	廃棄物処理法	廃棄物の排出を抑制し、発生する廃棄物の適正な処理(分別、収集運搬、処理など)の実施に関して必要な規制を定めている
1991	資源有効利用促進法	使用済み物品や副産物の発生抑制、再生資源・再生部品の利用の促進に関する措置を定めている
1992	バーゼル法	有害廃棄物の国境を越える移動およびその処分を規定した国際条約が定められている(バーゼル条約)。日本も1993年に同条約に加入し、その履行のための国内法としてバーゼル法を定めている
1997	容器包装リサイクル法	容器包装廃棄物の発生抑制、分別収集および再商品化を促進するための措置を定めている。アルミ缶、スチール缶、ダンボール、紙パック、ペットボトルなどもこの法律に含まれる
2000	循環型社会形成推進基本法	環境基本法の基本理念に則り、循環型社会の形成について基本原則を定め、循環型社会形成施策の基本事項を定めている。3Rの概念もここに含まれている
2000	食品リサイクル法	食品廃棄物の再利用および発生抑制・減量に関する基本事項を定め、食品廃棄物の再生利用を促進するための措置を定めている
2000	建設リサイクル法	特定の建設資材について、その分別解体および再資源化などを促進するための措置を定めている
2001	家電リサイクル法	家電廃棄物(エアコン、テレビ(ブラウン管・液晶・プラズマ)、冷蔵庫・冷凍庫、洗濯機・衣類乾燥機)の収集、運搬および再商品化を適正かつ円滑に実施するための措置を定めている
2001	PCB特別措置法	PCB廃棄物の保管、処分などについて必要な規制を行い、処理のための体制を整備することなどを定めている
2002	自動車リサイクル法	使用済み自動車の引き取り・引き渡しおよび再生資源化などを適正かつ円滑に実施するための措置を定めている
2003	産業廃棄物特別措置法	豊島不法投棄事案、青森・岩手県境不法投棄事案などを受けて、1998年6月以前に不法投棄された産業廃棄物の処置に必要な財政支援の枠組みを定めている
2003	PCリサイクル法	2003年10月に施行された改正資源有効利用促進法のパソコン関連業界における通称。家庭向けに販売されたパソコンやディスプレイの回収とリサイクルをメーカーに義務付けている。対象となるのはパソコン本体とディスプレイ、ノートパソコン、ディスプレイ一体型パソコンなどで、ワープロ専用機やプリンタ・スキャナなどの周辺機器は対象外である
2011	東日本大震災により生じた災害廃棄物の処理に関する特別措置法	東日本大震災により生じた災害廃棄物の処理が喫緊の課題となっていることに鑑み、国が被害を受けた市町村に代わって災害廃棄物を処理するための特例を定め、あわせて国が講ずべきその他の措置について定めている

循環型社会形成推進基本法のなかには、容器包装リサイクル法、家電リサイクル法、食品リサイクル法、自動車リサイクル法などの個別の法律がある。表 7.1 に廃棄物・リサイクルに関する法律をまとめる。

7.4 リデュース・リユース・リサイクル（3R）

これまでの大量生産・大量消費・大量廃棄のライフスタイルを見直し、持続可能な循環型社会を構築することを目的として、2000 年 6 月に循環型社会形成推進基本法が制定された。この法律では、リデュース（Reduce：発生抑制）・リユース（Reuse：再利用）・リサイクル（Recycle：再生利用）、いわゆる 3R の重要性が強調されている。この順番は優先順位の高い順番であり、ごみを出さないこと（リデュース）が最も重要で、次に、使える物は繰り返し使うこと（リユース）、最後に、再使用できない物を原材料まで戻すこと（リサイクル）となる。リサイクルは、多くのエネルギーを消費することがあるため優先順位としては 3 番目となる。

そして、3R 以外に、再生利用できない物は熱エネルギーとして使用する熱回収（サーマルリサイクル）へと続く。この熱回収は、「リサイクル」という名称が付いているものの、資源を燃焼させ二度と資源に戻ることはないので優先順位は 4 番目である。最後は、熱回収すらできない、捨てるしかない物については適正処分となる。循環型社会に向けた廃棄物処理の優先順位を図 7.4 に示す。

さて、3 番目に重要となるリサイクルには、マテリアルリサイクルとケミカルリサイクルの 2 種類がある。マテリアルリサイクルとは、廃棄された商品を粉砕・溶解するなどして再資源化するリサイクルである。アルミ缶、スチール缶などは、このマテリアルリサイクルによって別のアルミ製品あるいは鉄製品へと生まれ変わる。

一方、ケミカルリサイクルは、廃棄されたプラスチック製品などを化学処理することにより、原料、すなわち石油や有機化合物にまで戻すことである。このケミカルリサイクルにはリサイクル過程で莫大なエネルギーを必要とすることや、ケミカルリサイクルにより戻された原料は燃料として使われるこ

とが多いことから優先度は低い。

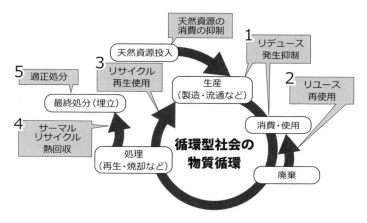

図7.4　循環型社会の姿

(出典:「平成24年度版環境白書」環境省から筆者作成)

7.5　廃棄物別にみるリサイクルの現状

　前節のマテリアルリサイクルのなかでも最もわれわれの生活に近い、アルミ缶、スチール缶、ペットボトルを事例に近年のリサイクル率の推移を説明する。

　アルミ缶の消費缶数はやや減少傾向にあるが、再生利用缶数がほぼ横ばいであるため、リサイクル率は上昇傾向にある。また、CAN to CAN（アルミ缶からアルミ缶へのリサイクル。このような同製品に戻ることを水平リサイクルという）のリサイクル率も上昇傾向にある（図7.5）。

　次に、スチール缶のリサイクル率は2011年から12年連続で90%以上を達成している。スチール缶スクラップは、住民の協力による分別排出の徹底、自治体や事業系の分別収集システムの完備、資源化センターやスクラップ加工業者の選別・加工精度の向上などにより、高品質で有用な製鋼原料として期待されており、その品質は年々向上している（図7.6）。

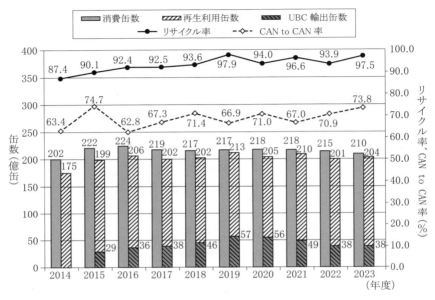

図 7.5　アルミ缶消費量とリサイクル率の推移

（出典：アルミ缶リサイクル協会資料から筆者作成）

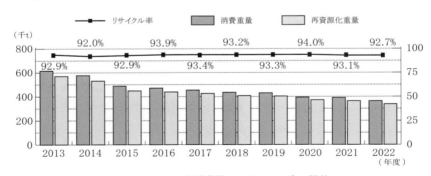

図 7.6　スチール缶消費量とリサイクル率の推移

（出典：スチール缶リサイクル協会資料から筆者作成）

最後にペットボトルについて、先にリサイクル率の算出方法について述べる。2022年度を事例とすると、指定ペットボトル販売量が58万3,000トン（前年度より2,000トン増）であった。これに対して、41万4,000トンが国内で再資源化され、9万2,000トンが海外で再資源化されているので、合計、50万6,000トンが再資源化されたことになる。このため、リサイクル率は86.9%と算出される。なお、2018年に中国が廃棄物の輸入を禁止したことにより、海外再資源化量は年々低下傾向にあり、リサイクルの国内循環へのシフトが進んでいる。

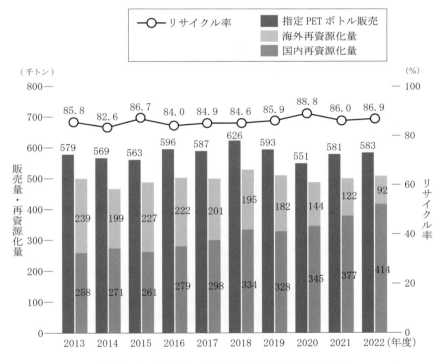

図7.7　ペットボトルの販売量とリサイクル率の推移
（出典：PETボトルリサイクル推進協議会資料から筆者作成）

7.6 拡大生産者責任

　前述のような使用済みのアルミ缶やペットボトルを回収してリサイクルするなど、消費者が使用済みの資源をリサイクルすることを「ポストコンシューマーリサイクル」という。使用済みの商品をごみとしないで再生するため、循環型社会形成の観点から、このポストコンシューマーリサイクルはきわめて重要である。

　ポストコンシューマーリサイクルを実現し拡大させていくためには、リサイクルに対する社会的責任の所在を明確にすることが重要となる。これまで、使用済み製品の回収、処理、そしてリサイクルに関わる一切の費用を政府が負担していた。しかし、この政府依存型のシステムでは社会的費用が拡大し、実際の問題解決にはならない。

　そこで、「拡大生産者責任」（EPR：Extended Producer Responsibility）という概念が経済協力開発機構（OECD）によって提唱された。これは、生産者が商品を売った後までその商品に責任をもつということである。製品を作った生産者が悪いというのではなく、生産者は製品使用後のリサイクル過程から生じる環境負荷を低減できる可能性がある、すなわち製品の設計段階までさかのぼり環境配慮型の製品を開発することができるという意味である[10]。

　拡大生産者責任の考え方に基づいている法律が、PC リサイクル法や自動車リサイクル法である。パソコンや自動車の価格にはリサイクルにかかる費用をあらかじめ含めており、生産者が確実にリサイクルできるシステムを構築している。

　一方、循環型社会形成推進基本法のなかでは、この拡大生産者責任と同時に排出者責任についても言及されている。排出者責任とは、産業廃棄物の排出事業者は事業活動から出る産業廃棄物を自らの責任で適正に処理しなければならないという考え方である（汚染者負担原則）。上記の PC リサイクル法や自動車リサイクル法は拡大生産者責任や排出者責任といった事業者の責任を反映した法律のように思われるが、リサイクルや廃棄に係る費用は消費者が負担しているというのが現状である。

7.7 京都市のごみ減量に関する先進的な取り組み

　京都市の町家が並ぶ通りは、工芸品や個性的な店が軒を連ね、100近いミシュランの星を持つレストランがあるなどの理由から、世界の観光都市ランキングではつねに上位にある。一方、同市は「京都議定書（1997年）」発祥の地であり「DO YOU KYOTO?」の言葉に代表されるように、世界中でよく知られている環境都市のひとつである。

　また、「環境政策局」を政令指定都市で初めて設置したのも京都市である。京都市の生活系ごみ排出量は1日あたり757g/人（2022年度）であり、国内の政令指定都市20市のなかでは3年連続で最小となっている[11]。そして、同市における定期収集・申込制収集・拠点収集のごみ分別24品目は、政令指定都市20市のなかで最も多い。この京都市では、ごみ排出量のピーク時（2000年）からの「ごみ半減」に向け「京都市廃棄物の減量及び適正処理等に関する条例」を改正（2015年10月1日施行）し、2R（リデュースとリユース）と、分別・リサイクルの促進とを柱とした全国をリードする条例を施行した。

　この条例改正では、ごみ減量について「実施してもらわなければならないこと（実施義務）」と「実施に努めてもらわなければならないこと（努力義務）」を明確にし、事業者・市民などによる「協力」を「義務」に引き上げた。これにより、さらなるごみ減量を推進し、ピーク時の2000年に82万トン排出されていたごみを2030年までに半分以下の37万トンにまで削減する予定である。このような目標が掲げられた「京（みやこ）・資源めぐるプラン」では、2030年までの目標として、市民一人あたりのごみの排出量を700g/日以下、レジ袋使用量を35枚/年以下、ペットボトル使用量を45本/年以下など、挑戦的な目標が掲げられている[12]。

第8章

海洋プラスチック汚染

　2050年には、海洋中のプラスチックの量が魚の量を超えると予測されている。この予測は、プラスチック汚染の深刻さを如実に示しており、私たちの生活環境に対する重大な脅威となっている。空気や水、さらには食物にまでマイクロプラスチックが含まれており、その影響は私たちの日常生活に直接的に及んでいる。プラスチックは石油（化石燃料）から製造され、大量生産・大量消費の現代社会の象徴となっている。しかし、この便利な素材がもたらす環境への負荷は計り知れない。プラスチックの生産と消費が続く限り、環境への悪影響は避けられない。とくに、海洋に流出したプラスチックは、海洋生態系に深刻なダメージを与えている。

　本章では、このような海洋におけるプラスチック汚染の現状に焦点を当てる。まず、プラスチックの生産量とそのリサイクルの実情について詳述する。次に、各国における海洋プラスチック汚染対策の取り組みを紹介し、その効果と課題を分析する[1]。

8.1　プラスチックの誕生と普及

　プラスチックの歴史は、19世紀半ばにアメリカでセルロイド（ニトロ硝酸セルロース/ニトロエステルの一種）が開発されたことに端を発する。その後、セルロイドはフィルムやおもちゃ、食器などに広く利用されたが、非常に燃えやすく火災が頻発したため、消費が減少した。

　しかし、改良が進み、ポリエステルなどの燃えにくい新しいプラスチックが次々と開発され、消費が拡大した。また、天然繊維のセルロースを化学処

理して作られたレーヨン繊維も、セルロイド同様に燃えやすい性質をもっていたが、燃えにくいレーヨンが開発され、需要が拡大した。日本においても、1938年にはレーヨンの生産量がアメリカを抜いて世界一となったことがある。

1935年には、デュポン社のウォーレス・カロザースによって、工業的に生産可能な合成繊維であるナイロンが発明された。ナイロンは強度や耐熱性に優れており、パラシュートやロープなどに利用された。現在では、スキーウェアなどの冬用スポーツウェア、クラシックギターの弦、ストッキング、水着、自動車のエンジンカバーやエンジンに空気を送り込むマニホールドなど、幅広い用途で使用されている。

その後、化学合成によりポリエチレン、アクリル、スチレンなどの新しい原料が開発され、繊維のみならずプラスチック成型品の需要も急速に拡大した[2]。現在、使用されているプラスチックは約70種類あり、そのうち約20種類が家庭用品に使用されている。

8.2 プラスチックの生産量と消費量

プラスチックの生産量は、19世紀半ばに誕生して以来、近年に至るまで急激に増加しており、2022年には4億3,000万トンに達している[3]。しかし、この数値には化学繊維が含まれていないため、同年の化学繊維の生産量7,000万トン[4]を加えると、総生産量は5億トンに達する。この生産量は1950年と比較して260倍以上に相当する。

具体的なイメージをもつために、アフリカゾウ（オス1頭の体重を6トンと仮定）に換算すると、8,330万頭分に相当する。この大量のプラスチックの大部分は容器包装類として使用されており、世界では年間5兆枚のレジ袋と[5]、5,000億本のペットボトル[6]が消費されている。1950年から2015年にかけての世界のプラスチック総生産量は既に83億トンに達しており[7]、これはアフリカゾウ13億頭以上に相当する。2016年に開催された世界経済フォーラム（ダボス会議）では、エレン・マッカーサー財団が2050年には海洋中のプラスチック量が魚の量を超えると報告している[8]。

日本においては、年間約1,000万トンのプラスチックが消費されており、そのうちレジ袋は年間450億枚（2020年7月から有料化されたコンビニのレジ袋が3割を占める）[9]であり、ペットボトルは年間244億本（2004年比で1.65倍[10]）消費されている。容器包装類の廃棄量はアメリカが最も多く、日本とEUがそれに続いている。日本は国民一人あたりのプラスチック廃棄量がアメリカに次いで世界で[11]二番目に多い国である（図8.1）。

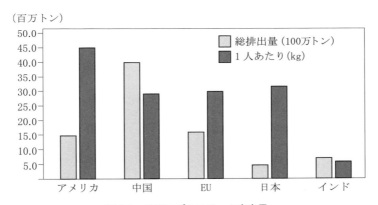

図8.1　世界のプラスチック廃棄量

（UNEP, SINGLE-USE PLASTICS: A Roadmap for Sustainability 2018 から著者作成）

　2020年7月1日からのコンビニレジ袋の有料化を契機に、著者が所属する京都光華女子大学の学生55名を対象に行動調査を実施した（2020年7月末調査）。
　（質問1）「エコバッグをいつから使っていますか？」に対して、54%の学生が「7月1日より前から」と回答し、44%の学生が「7月1日の後から」と回答した。2%の学生は「使っていない」と回答したが、98%の学生が現在エコバッグを使用していることが判明した。
　（質問2）「エコバッグをどれくらいの頻度で持参していますか？」に対して、57%の学生が「必ず持参する」と回答し、39%の学生が「ときどき持参する」と回答した。「忘れることが多い」と回答した学生は4%に留まった。

（**質問 3**）最後に、コンビニやスーパーでアルバイトをしている学生に対して、最近のレジ袋をもらう人数の変化について質問したところ、53%の学生が「かなり減った」と回答し、40%の学生が「少し減った」と回答した。「変わらない」と回答した学生は 7%に留まった。

これらの結果から、コンビニやスーパーにおけるレジ袋の有料化は、われわれのライフスタイルに顕著な変化をもたらしていることが示唆される（図8.2）。

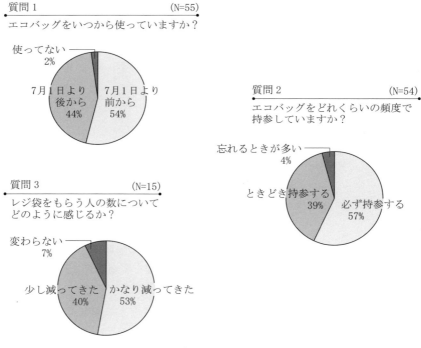

図 8.2　コンビニレジ袋有料化にともなう意識の変化

8.3　プラスチックリサイクルの実際

プラスチックのリサイクルには多くの課題が存在する。現在、さまざまな用途に応じて開発されたプラスチックは約 70 種類に及び、この多様性がリ

サイクルを困難にしている要因の一つとなっている。例えば、ポリエチレン製のレジ袋、ポリスチレン製の食品トレイ、ポリエチレンテレフタレート製のペットボトルを同時にリサイクルすることは不可能である。このため、世界全体のプラスチックリサイクル率はわずか9％に留まっている（図8.3）[11]。

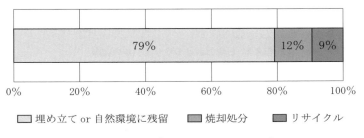

図8.3 世界のプラスチックリサイクル率

（Geyer *et al.*, 2017）から著者作成）

　では、日本におけるプラスチックのリサイクル率はどうだろうか。私たちは日常生活で、飲料水のペットボトルやその他の大きめのプラスチック製品を自治体のルールに従って指定日に指定場所に出している。また、食品トレイはほとんどのスーパーマーケットで回収されており、多くの人がこの回収システムを利用している。しかし、私たちの感覚と実際のリサイクル率には乖離がある。

　日本が公表しているプラスチックのリサイクル率は87％である[12]。しかし、そのうち63％は熱回収（サーマルリサイクル）であり、燃焼によって発生した熱を電気などに変換している。プラスチックを熱にリサイクルしているとも言えるが、燃焼後は再びプラスチックに戻ることはない。残りの25％がすべて別の製品や原料にリサイクルされているわけではなく、高炉・コークス炉の原料として使われ、さらに、すべてが自国でリサイクルされているわけではない。つまり、日本国内での実際のリサイクル率は2割程度に留まっているともいえる（図8.4）。

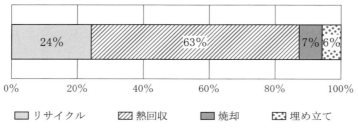

図 8.4　日本におけるリサイクルの実際

（プラスチック循環利用協会の資料(2020)等から著者作成）

8.4　海洋流出しているプラスチック量

　NGO「オーシャン・クリーンアップ」の創始者ボイヤン・スラットらの調査によれば、「太平洋ごみベルト」（アメリカ・カリフォルニア州とハワイ州の間、およそ西経 135 度から 155 度、北緯 35 度から 42 度の範囲にかけての海洋ごみが多い海域）には、1 兆 8000 億点、総重量 8 万トンのプラスチックごみが存在するとされる。この海域の面積は 160 万平方キロメートルで、フランスの 3 倍の広さに相当するため、船上からは一面がごみで覆われているようには見えない。しかし、実際に回収作業を行うと、大量のプラスチックが浮かび上がることが確認されている[13]。プラスチックが 19 世紀半ばに誕生して以来、現在までの約 70 年間にどれだけの量が海に流出し、どのような影響を及ぼしているのかを検討する必要がある。

　アメリカのジャンベックの試算によると、2010 年に生産されたプラスチックは約 2 億 7,000 万トン、廃棄されたプラスチックは 2 億 7,500 万トンであり、そのうち 1 億トンが沿岸部から排出されたプラスチックである。さらに、そのうち 3,190 万トンが不適切に管理され、その結果、840 万トンから 1,270 万トンのプラスチックが海洋に流出していると報告されている。

　このまま流出が続けば、2025 年までに年間 1,700 万トンを超えるプラスチ

ックが海洋に流出すると予測されている[14]。合成ポリマーであるプラスチックは非常に強固で腐食しにくく、ほとんどのプラスチックは生物によって分解されない。そのため、19世紀半ばから徐々に海洋に流出してきたプラスチックごみは、現在も海のどこかに残存している[13]。

図 8.5　ビーチクリーン活動で回収されたプラスチックごみ

（鹿児島県沖永良部島にて著者撮影）

8.5　マイクロプラスチックの影響

　海洋に流出したプラスチックは、その大きさに基づいて2種類に分類される。一つはマクロプラスチックであり、数センチから数十センチの大きさで、目視で確認できるサイズのものである。マクロプラスチックには、数メートルに及ぶ漁業用器具なども含まれるため、その定義はやや曖昧である。

　もう一つはマイクロプラスチックであり、5mm以下の大きさのものを指

す。マイクロプラスチックはさらに2種類に分類され、製造時にすでに5mm以下のサイズであるものを一次マイクロプラスチックとよび、化粧品や歯磨き粉、洗顔料などに含まれる微粒子が代表的である。一方、紫外線や風雨などの影響で劣化し、微細化したものを二次マイクロプラスチックとよぶ。これらのマイクロプラスチックが現在、大きな問題となっている。

図 8.6　海岸にて回収したマイクロプラスチック
(鹿児島県沖永良部島にて著者撮影)

　東京農工大学の高田秀重教授の研究チームは、カタクチイワシ(煮干しの原料となる)の消化管からマイクロプラスチックが見つかったと発表し、話題となった。調査した64匹のカタクチイワシの約8割から、合計150個のマイクロプラスチックが発見された[15]。私たちがこれらのカタクチイワシを食べることにより、体内にマイクロプラスチックが取り込まれる可能性がある。実際に、高田教授の研究チームは人の血液から1000分の1mm以下の微細なプラスチックが検出されたと報告している[16]。また、京都大学の田中周

平准教授の研究チームは、琵琶湖・大阪湾で採取したマイクロプラスチックの表面に、人体に有害なペルフルオロ化合物類（PFCs）や多環芳香族炭化水素類（PAHs）が吸着する特性を明らかにした[17]。

このようなマイクロプラスチックは深海生物からも検出されている。日本海溝やマリアナ海溝など7つの海溝（水深6,000m～1万1,000m）の調査の結果、約7割の端脚類の体内からマイクロプラスチックが見つかっている[18]。九州大学応用力学研究所の磯辺篤彦教授らは、海洋における将来のマイクロプラスチック浮遊量を世界で初めて予測し、2030年までに海洋上層での重量濃度が現在の約2倍になり、さらに2060年までには約4倍になることを明らかにした[19]。このように、マイクロプラスチックの影響は深刻化しつつある。

8.6 国内外のプラスチック対策

2019年5月、日本政府は「プラスチック資源循環戦略」を発表した。この戦略の背景には二つの要因がある。第一に、2018年6月にカナダで開催されたG7シャルルボワサミットで採択された「海洋プラスチック憲章」に、日本がアメリカとともに署名しなかったことが挙げられる。この憲章には、2030年までにすべてのプラスチックを再利用や回収可能なものにするという数値目標が含まれていた。

日本は、2019年6月の大阪でのG20サミットで議長国として海洋プラスチック汚染を議論するため、野心的な戦略を打ち出す必要があった。このサミットでは、2050年までに海洋プラスチックごみによる新たな汚染をゼロにすることを目指す「大阪ブルー・オーシャン・ビジョン」が共有された。第二に、2017年末に中国政府が廃プラスチックの輸入を禁止した「中国ショック」がある。当時、日本は年間約150万トンの廃プラスチックを輸出しており、その約半分を中国が受け入れていた。プラスチック資源循環戦略には、2020年7月から義務化されたレジ袋の有料化や、ワンウェイのプラスチック製容器包装・製品の使用削減をうながす消費者への啓発活動が含まれている[20]。

一方、自治体の活動としては、徳島県上勝町が有名である。上勝町では、ごみを13品目45種類に分別するルールや、不用品を次に使う人へ繋げるサービスなど、特徴的な取り組みが行われている。また、同町はサーキュラーエコノミー（循環経済）の国内先進地でもある。企業の取り組みとしては、2019年6月にすかいらーくレストランツがドリンクバーでの使い捨てプラスチック製ストローの廃止を発表した。また、日本マクドナルドは、2018年度からハッピーセットのおもちゃを全国の店舗で回収しリサイクルするプロジェクトを開始し、2019年度には約340万個のおもちゃが回収された[21]。

海外の取り組みとしてEUでは、2019年3月に2021年からストローや食器などの使い捨てプラスチック製品の使用を禁止することを発表した。フランスでは、EUよりも早く2020年1月から使い捨てプラスチック製品3品目（コップ、皿、タンブラー）の使用を禁止している。さらに、フランスは2025年までにすべてのプラスチックをリサイクルするという野心的な目標を掲げている。

一方、世界最大のプラスチック消費国であるアメリカでも、ニューヨーク州やカリフォルニア州で厳しいプラスチック規制が始まっている。2019年1月、ニューヨーク市長は発泡スチロールの使用禁止を宣言し、2020年3月からはレジ袋の使用が禁止された。また、2019年8月からはサンフランシスコ空港でペットボトル入りの飲料水の販売が禁止されている。

国際企業の取り組みとしては、スターバックスが2020年までに全世界の店舗でプラスチック製ストローを廃止することを宣言し、H&Mが提供する袋を紙製に変更することを発表している。また、コカ・コーラやH&M、ロレアル、バーバリーなどの大手企業は、「2025年までにプラスチックごみをなくす」という目標に署名している[22]。コカ・コーラは2030年までにすべてのプラスチック容器をリサイクルする目標を掲げ、ネスレはチョコレート菓子「キットカット」の包装を2019年9月から紙製に変更している。しかし、Break Free From Plastic（BFFP）が実施した2019年のブランド調査では、コカ・コーラ、ネスレ、ペプシコの3社が2年連続でプラスチック汚染のワースト企業としてあげられている[23]。

第9章

環境マネジメントシステム

　人間活動のなかで環境負荷を継続的に減少させていくためには、誰が実施しても確実に推進できる環境配慮活動の仕組みが必要となる。この仕組みを国際的な基準として定めたものにISO14001がある。そしてこのISO14001が定めている仕組みを環境マネジメントシステム（EMS：Environmental Management System）という。EMSが定められた背景には、企業や各種団体で自主的に環境負荷を低減し、環境改善に努めようとする認識が世界的に拡大していったことがある。

　本章では、ISO14001が定めるEMSについて概説し、その最大の特徴であるPDCAサイクルについて述べる。そして、京都発のEMSである京都環境マネジメントシステムスタンダード（KES）の特徴などについて説明する。

9.1　ISO（国際標準化機構）

　ISOとは、国際標準化機構（International Organization for Standardization）のことであり、物質やサービスの国際交流を円滑にし、知的・科学的・技術的および経済的活動における国際間の協力を助長するために、世界的な標準およびその関連活動の発展開発を推進することを目的とした団体である。

　ISOは、本部をスイスのジュネーブにおく、どこの国にも属さない非政府組織である。また、ISOは会員制になっており、各国の標準化機構の一機関のみが加入できることになっている。日本は1952年に、日本工業規格（JIS）の調査・審議を行っている日本工業標準調査会（JISC）が、常任理事国メン

バーとして加盟している。

　ISO の環境に関する規格は番号が 14,000 台であるため、ISO14000 シリーズ規格とよばれている。環境マネジメントシステムの規格は、ISO14001（EMS－要求事項及び利用の手引き－）と ISO14004（EMS－原則、システム及び支援技法の一般指針－）が中核となる規格で、その他はそれを運用するための支援ツールとして位置付けられる規格である。表 9.1 に ISO14001 シリーズの代表的な規格の構成を示す。

表 9.1　ISO14000 シリーズの代表的な規格

環境マネジメントシステム	ISO14001、ISO14004
環境パフォーマンス評価	ISO14031
環境監査の規格	ISO19011
環境ラベルおよび宣言	ISO14020、ISO14021、ISO14024
ライフサイクルアセスメント	ISO14040、ISO14044
温室効果ガス	ISO14064、ISO14065、ISO14066
用語	ISO14050

表 9.2　代表的なマネジメントシステム規格

（出典：「図解でわかる ISO14001 のすべて」大浜庄司、日本実業出版社(2017)から筆者作成）

ISO14001	環境マネジメントシステム	環境負荷を継続的に減少させ、環境改善していくための規格
ISO9001	品質マネジメントシステム	顧客満足度の向上を目指し、顧客の要求する商品・サービスを提供するための規格
ISO22000	食品安全マネジメントシステム	食品の安全確保のため、食品業界特有の要求事項とした規格
ISO45001	労働安全衛生マネジメントシステム	職場における労働安全衛生災害のリスク低減と、将来の発生リスクを回避するための規格
ISO27001	情報セキュリティマネジメントシステム	組織の情報資産の喪失、漏洩、破壊などを防止するための規格
ISO13485	医療機器マネジメントシステム	医療機器に関する安全性と有効性および品質を確保するための規格

ISO の規格には環境マネジメントの他にも、品質マネジメント、食品安全マネジメント、情報セキュリティマネジメントなど、多岐にわたる業界の運営に必要となるさまざまな規格がある。表 9.2 に代表的なマネジメントシステムの規格を示す[1]。

9.2 環境側面と環境影響

ISO14001 規格は、環境側面（環境問題の原因となるもの）を捕えて、この捕えた環境側面を EMS によって小さくすることで環境影響（環境側面の結果生じる環境への影響）を小さくしていくことを可能にする。いわば、ISO14001 規格の EMS は、誰が行っても確実かつ継続的に環境負荷を削減することができるツールである。

環境側面には、たとえば一般的なものであれば、紙の消費・ごみの排出・電気の使用などが該当する。専門的なものであれば、化学物質などの有害物質の排出が環境側面であり、とくに甚大な環境影響を起こすものを著しい環境側面とよぶ。なお、上述の説明では環境側面や環境影響は環境に悪いイメージがあるが、たとえば環境教育（環境側面）による環境に配慮できる人材の育成（環境影響）のように、環境側面や環境影響には必ずしも環境に悪いものだけではなく、良いものも含まれる。

9.3 EMS と PDCA サイクル

ISO14001 が規格する EMS の最大の特徴は、PDCA サイクルに沿った環境の継続的改善である。P（Plan：計画）、D（Do：実施および運用）、C（Check：点検）、A（Act：改善）を順番に実施していく。つまり、自ら環境改善の計画を立て、実施し、達成度を点検して、改善していくことを繰り返しながら継続的に改善するものである。ISO14001 は、企業や各種団体が認証機関の審査を受けて合格すれば認証取得できる、いわば資格のようなものである。

ISO14001 規格の EMS が要求する事項を満たし、PDCA サイクルを回しながら継続的に環境改善が実施されていれば、自ら設定した目標に到達して

いなくても認証取得は可能である。表9.3にマネジメントシステム規格（MSS: Management System Standard）の共通テキスト（MSS 共通テキスト）の基本構造と ISO14001 固有事項を示す。なお、MSS は、環境マネジメントシステム（ISO14001）のみならず、品質マネジメントシステム（ISO9001）や情報マネジメントシステム（ISO27001）などに共通する規格である。上記の PDCA サイクルは、Plan（6. 計画）、Do（7. 支援、8. 運用）、Check（9. パフォーマンス評価）、Act（10. 改善）が該当する。

表9.3 　MSS 共通テキストの基本構造と ISO14001 固有事項

1	適用範囲	7Ⓓ	支援
2	引用規格	7.1	資源
3	用語および定義	7.2	力量
4	組織の状況	7.3	認識
4.1	組織およびその状況の理解	7.4	コミュニケーション
4.2	利害関係者のニーズおよび期待の理解	7.4.1	一般
4.3	環境マネジメントシステムの適用範囲の決定	7.4.2	内部コミュニケーション
4.4	環境マネジメントシステム	7.4.3	外部コミュニケーション
5	リーダーシップ	7.5	文書化した情報
5.1	リーダーシップおよびコミットメント	8Ⓓ	運用
5.2	方針	8.1	運用の計画および管理
5.3	組織の役割、責任および権限	8.2	緊急事態への準備および対応
6Ⓟ	計画	9Ⓒ	パフォーマンス評価
6.1	リスクおよび機会への取組	9.1	監視、測定、分析および評価
6.1.1	一般	9.1.1	順守評価
6.1.2	環境側面	9.2	内部監査
6.1.3	順守義務	9.3	マネジメントレビュー
6.1.4	取組の計画策定	10Ⓐ	改善
6.2	環境目的およびそれを達成するための計画策定	10.1	不適合および是正処置
		10.2	継続的改善

以下に、MSS共通テキストおよびISO14001個別事項におけるおもな項目について、その概要を説明する。

　4「組織の状況」は、4つの節で構成されている。各節では、組織の状況と利害関係者のニーズおよび期待を十分に理解したうえでEMSを構築し、運用することを求めており、そのEMSではプロセスの概念が導入されている。つまり、EMSを構築する際に、4.1「組織およびその状況の理解」から4.3「環境マネジメントシステムの適用範囲の決定」に従って環境マネジメントをする事業所や製品・サービスなどの適用範囲を決定する。なお、この適用範囲（組織の単位・機能・物理的境界など）は、文書化することが要求されている。適用範囲が定まった後は、4.4「環境マネジメントシステム」に従って、必要なプロセスおよびそれらの相互作用を含むEMSを構築していくことになる。EMS構築後は、運用しながら継続的に改善することになる[2]。

　5「リーダーシップ」では、トップマネジメント（組織の最高位である個人またはグループ）が環境パフォーマンス（組織の環境側面について、その組織の環境マネジメントの測定可能な結果）に関する組織全体の方向性を示すことが要求されている。5.2「方針」には、以下の5つを満たす必要がある。(a) 組織の目的、ならびに組織の活動、製品およびサービスの性質、規模および環境影響を含む組織の状況に対して適切である。(b) 環境目標の設定のための枠組みを示す。(c) 汚染の予防、および組織の状況に関連するその他の固有のコミットメントを含む、環境保護に対するコミットメントを含む。(d) 組織の順守義務を満たすことへのコミットメントを含む。(e) 環境パフォーマンスを向上させるための環境マネジメントシステムの継続的改善へのコミットメントを含む。

　日経BP「第4回ESGブランド調査」（2023年調査）によると、企業のESG（環境・社会・ガバナンス）活動に対する社会のイメージは、トヨタ自動車が2020年の第1回から4年連続で総合首位を獲得している。2位には、サントリーが昨年の6位から順位を上げ、3位は昨年と同じくパナソニックとなった。とくにカーボンニュートラル（温室効果ガス排出量実質ゼロ）への取り組みや電気自動車（EV）をはじめとするエコカーを推進する姿勢を評価する声が多く、「気候変動の対応に努めている」という項目で他社を大きく引

き離した。

　2位のサントリーは「自然保護に力を入れている」という項目で他社に比べて特に高い評価が得られた[3]。トヨタ自動車は本社および連結小会社（121社）のすべての生産拠点でISO14001を取得している。図9.1に同社が掲げる環境方針「トヨタ地球環境憲章」（1992年策定）を示す。

トヨタ地球環境憲章

I. 基本方針

1. **豊かな21世紀社会への貢献**
   豊かな21世紀社会へ貢献するため、環境との調和ある成長を目指し、事業活動の全ての領域を通じて、ゼロエミッションに挑戦します。

2. **環境技術の追求**
   環境技術のあらゆる可能性を追求し、環境と経済の両立を実現する新技術の開発と定着に取り組みます。

3. **自主的な取り組み**
   未然防止の徹底と法基準の遵守に努めることはもとより、地球規模、及び各国・各地域の環境課題を踏まえた自主的な改善計画を策定し、継続的な取り組みを推進していきます。

4. **社会との連携・協力**
   関係会社や関連産業との協力はもとより、政府、自治体を始め、環境保全に関わる社会の幅広い層との連携・協力関係を構築していきます。

II. 行動指針

1. **いつも環境に配慮して**
   ・・・生産・使用・廃棄の全ての段階でゼロエミッションに挑戦
   (1) トップレベルの環境性能を有する製品の開発・提供
   (2) 排出物を出さない生産活動の追求
   (3) 未然防止の徹底
   (4) 環境改善に寄与する事業の推進

2. **事業活動の仲間は環境づくりの仲間**
   ・・・関係会社との協力

3. **社会の一員として**
   社会的な取り組みへの積極的な参画
   (1) 循環型社会づくりへの参画
   (2) 環境政策への協力
   (3) 事業活動以外でも貢献

4. **よりよい理解に向けて**
   ・・・積極的な情報開示・啓発活動

III. 体制

経営トップ層で構成するサステナビリティ会議による推進

図9.1　トヨタ自動車の環境方針「トヨタ地球環境憲章」
（出典：トヨタ自動車公式ホームページ）

　6「計画」は、EMSの計画である。6.1「リスク及び機会への取組」では、4.1「組織及びその状況の理解」と4.2「利害関係者のニーズ及び期待の理解」で明確にした組織内外の課題や利害関係者の要求事項などの組織の状況に加え、6.1.2「環境側面」で決定した著しい環境側面、及び6.1.3「順守義務」で決定した順守義務に対して、EMSが意図した成果を達成するための適切な取り組み、取り組み方法、有効性の評価方法を決定する。

　取り組みとは、環境目標などの改善活動や、EMSのなかで行う維持活動を指す。技術上の選択肢、ならびに財務上、運用上および事業上の要求事項を考慮して計画する。6.2「環境目的及びそれを達成するための計画策定」にお

ける環境目標は、環境方針を具体的な改善活動や維持活動として展開するための目標である。また、著しい環境影響が発生することが想定される緊急事態を決定し、8.2「緊急事態への準備及び対応」で運用方法を計画する[4]。

7「支援」は、EMSに必要な資源や文書管理などの要素に関する要求事項であり、EMSのPDCAサイクルにおいては、8「運用」とともに実施（Do）の段階に位置づけられるため、組織は支援に含まれる項目をEMSの実施項目として取り組む必要がある。EMSの支援は、マネジメントシステム規格に共通する上位構造（MSS共通テキスト）に基づき、5つの節から成り立っている。7.1「資源」では、人材や設備などの資源の決定と提供、7.2「力量」と7.3「認識」では、教育訓練を中心とした人材管理と育成、7.4「コミュニケーション」では、組織内外の情報伝達、7.5「文書化した情報」では、文書および記録の作成と管理について規定されているため、これらの取り組みがEMSを継続的に改善するための活動となっている[5]。

9「パフォーマンス評価」では、組織のEMSについて、組織内部からの要員、または外部から選ばれた人（代理人）によって、内部監査を実施することが要求されている。この内部監査によって、組織のEMSが順調に運営されているかどうかを検査するのである。

EMS運営に不適合があった場合には、これを是正するように要求することになっている。なお、内部監査員が判断した結果は十分に信用できるものでなくてはならないため、内部監査員には高い力量が求められる。この内部監査員の養成も教育訓練のひとつである。

10「改善」では、トップマネジメントが組織のEMSについて引き続き適切かつ、有効であることを確実にするために、あらかじめ定められた間隔でEMSをレビュー（見直し）し、不適合項目に対して是正処置を行い、これらを繰り返すことで、継続的に改善することが定められている。

なお、ISO14001を認証取得した後は、3年ごとの更新審査（サーベイランス）が課せられており、認証機関の審査に合格すればISO14001の認証を継続することができる。

9.4 EMSが経営にもたらすメリット

　現在、ただひたすらに営利のみを追求する企業経営は成り立たなくなっている。優良企業の条件として、経済的側面だけでなく、社会貢献などの社会的側面の活動を積極的に推進するといった企業の社会的責任（CSR：Corporate Social Responsibility）が注目されている。ISO14001の認証取得はこのようなCSRの観点からも企業や各種団体の運営にとって重要な意味をもつ。

　また、このようなイメージアップだけでなく、実際に、ISO14001のEMSを運用することによって、省エネ効果やごみ排出量が削減されることにより、経常利益も増大することが期待できる。ISO14001の認証取得は、企業や各種団体、とくに国際的に活動する大規模組織の運営にとっていまや必要不可欠なものとなっている。

9.5 EMSを取り入れた環境教育

　ISO14001の認証取得は企業だけに限ったものではない。大学でもISO14001を認証取得し、EMSを使った環境教育が展開されている。東京都市大学横浜キャンパスでは、環境にやさしいキャンパスライフを運営していく方法や、先端技術を駆使した環境にやさしいキャンパス作りが評価され、1998年に自然環境に配慮した大学として日本で初めてISO14001の認証を受けた。その後、全国的にISO14001を認証取得する大学が増えていった。

　大学における活動は学生が主体となってEMSを運営していることが大きな特色であり、学生による内部監査を授業として扱う場合もある[6]。京都精華大学では、2000年にISO14001を認証取得し、これまでEMSを活用した環境教育を積極的に展開してきた。科目「環境監査」や「基礎演習」などでは、ISO14001の基礎知識を習得し、学生は学外組織の内部監査を体験することができたり、「インターンシップ」と「環境マネジメント実務演習」では学生による学外組織のEMS構築なども行ってきたりした。

　これらの成果により、2005年にフジサンケイグループ「地球環境大賞　優

秀環境大学賞」や、京都府主催「平成17年度 京都府環境トップランナー」など数多くの表彰を受けている。しかし、2012年からはISO14001認証を返上し、大学におけるカリキュラムにも変遷があり、現在は、USR（大学の社会的責任）として、自主的に運用されている。たとえば、芸術系大学ならではの取り組みとして、学生が制作活動で余った資材を互いに再利用しあう「リユースステーション」が設置されている。メッセージボードには「箱をもらいました。ありがとうございました！」など、利用した学生によるコメントが書かれ、リユースを通じた学内の繋がりも活性化されている[6]。

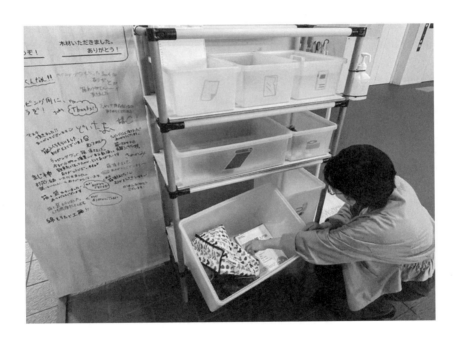

図9.2　京都精華大学に設置されているリユースステーション

じつは近年、このようにいったんはISO14001を認証取得した大学であっても、運営が軌道に乗ったところで、認証を返上する傾向がある。たとえば、信州大学は、環境マインドをもつ学生の育成として、2001年に国公立大学と

しては初となる工学部におけるISO14001の認証を取得した。その後、2010年の松本キャンパス医学部および同附属病院の認証範囲拡大をもって全学における認証取得を達成した。しかし、同学ではこれまで培ってきた豊かな経験をもとに独自の環境マネジメントシステムの構築が可能と判断し、2016年度をもって、その認証を返上している[7]。また、名古屋産業大学も、信州大学と同時期の2001年にISO14001を認証取得しているが、2017年11月に認証を返上し、今後は環境活動自己宣言へ移行し、自立型の環境推進体制に切り替えている[8]。大学によるISO14001の認証取得は2009年の49校がピークで、認証を継続するところはあっても、新規で認証取得する大学は減りつつある。

ISO14001は国際標準化機構が定める国際規格であって、この規格はどの業界にも適用できる幅広いものであり、おそらく環境分野のなかでは最も権威ある認証であろう。一方で、この認証の継続には大きな費用や労力が必要となる。

しかし、これだけが環境問題を継続的に改善できるツールではない。各団体で独自にEMSのような仕組みを策定し、それを推進することで環境問題のリスク回避や環境負荷を継続的に低減できるのであれば、それでよいのである。次節では、国際規格ではないが、日本国内でEMSの仕組みを定めたものを紹介する。

9.6 その他のEMS

ISO14001のような国際規格ではなく、日本国内でEMSの仕組みを定めたものとして、エコアクション21、エコステージなどがある。エコアクション21とは、中小企業、学校、公共機関などを対象に、環境省が策定したエコアクション21ガイドラインに基づく認証登録制度である。中小企業を中心に認証数が増加しており、2023年度末時点で、認証登録事業者数は7,521件となっている[9]。

またエコステージは、一般社団法人のエコステージ協会が認証評価する制度であり、環境経営サポートシステムの導入からCSR導入までの5つのス

テージに分けて、環境経営をより効率的に行うことを目的としている。また、エコステージ評価員は、認証取得の評価を行うだけではなく、コンサルティングを通じた組織の経営強化を図っている。

　京都の NPO 法人 KES 環境機構のように、地域独自や企業独自の環境マネジメントを構築するなどの動きもある。KES（京都環境マネジメントシステムスタンダート）の特徴は、「シンプルなシステム」「低コスト」「環境経営の機会提供」「地域共生の機会提供」であり、段階的に取り組める 2 ステップ方式（ステップ 1：規模や環境負荷が比較的大きくないところや、環境問題に取り組み始められれば適合、ステップ 2：規模や環境負荷が比較的大きいところや、ステップ 1 からのステップアップに適合しており、ISO14001 とほぼ同じ項目）の認証である。事業所の分野や規模を問わず取り組みやすい EMS となっている[10]。

　KES は当初、中小・零細事業者を対象とする EMS として始まったが、その後、対象事業をホテルなどの商業・サービス系から学校などの教育機関までに拡張するなど工夫を加えて、いまでは全国各地に連携組織ができ、国内の大きな活動にまで広がっていった[11]。登録件数は 2023 年度末時点で 5,348 件となっている[12]。

第10章
エネルギー問題

　2011年3月に発生した東日本大震災に起因する福島第一原子力発電所の事故は、日本のエネルギー政策のあり方について厳しく反省を求める結果となった。この事故が起こる以前、原子力発電はわが国にとってCO_2排出削減の切り札ともいうべき存在であったが、一方で大事故につながるものであることが身をもって証明されたのである。われわれ人類のエネルギーはどの方向に向かうべきなのか。

　本章では、原発再稼働の是非や、将来のエネルギーのあり方について、近年の電力会社と地域住民との裁判事例、政府の方針などを取り入れながら論述する。さらに、最近話題になりつつある次世代型太陽電池の仕組みや性能などについて解説する。

10.1　世界と日本のエネルギー事情

　18世紀に起こった産業革命以降、人類は大量の化石燃料（石炭、石油、天然ガス）を使い始めた。1950年以降の急激に増大したエネルギー消費を支えたのはこの化石燃料であり、現在、世界の化石燃料への依存度は約8割、日本は9割以上となっている。

　図10.1に地域別の世界のエネルギー消費量の推移を示す。世界の一次エネルギー[*]消費量の伸び方には、地域的な差異があり、2000年代以降、中国やインド等を中心に、アジア大洋州における消費の伸びが顕著となっている。

---

[*] エネルギーのうち、天然・自然に採掘されたままのエネルギー。

一方、先進国（OECD 諸国）では伸び率が鈍化した。この理由として、経済成長率や人口増加率が途上国と比べて低いことに加え、産業構造の変化や省エネの進展等の影響が考えられる。この結果、世界のエネルギー消費に占める OECD 諸国の割合は、1965 年の約 70％から、2022 年には 40％以下へと低下した。

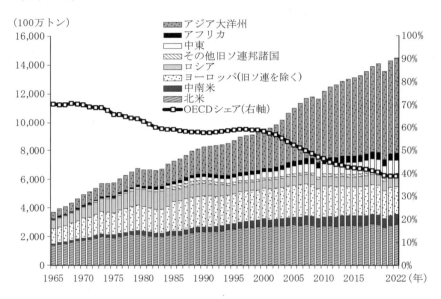

(注1) 1984 年までのロシアには、その他旧ソ連邦諸国を含む。
(注2) 1985 年以降の「ヨーロッパ」には、バルト3国（リトアニア・ラトビア・エストニア）を含む。
Energy Institute「Statistical Review of World Energy 2023」を基に作成

図 10.1　地域別の世界の一次エネルギー消費量の推移

（出典：「エネルギー白書 2024」経済産業省資源エネルギー庁）

図 10.2 に、エネルギー源別の世界のエネルギー消費量の推移を示す。石油は、現在に至るまで世界のエネルギー消費の中心である。発電用を中心に他のエネルギー源への転換も進んでいるが、堅調な輸送用燃料消費に支えられ、その消費量は 1965 年から 2022 年にかけて年平均 1.9％で増加し、2022 年もエネルギー消費全体で最大のシェア（31.6％）を占めている。石炭は、同じ期

間に年平均1.8%で消費が増加している。とくに2000年代には、経済成長が著しく、安価な発電用燃料を求めるアジアを中心に消費が拡大した。しかし近年では、気候変動問題への対応等の影響により、石炭消費は伸び悩んでいる。2022年の石炭のシェアは26.7%であった。天然ガスは、同じ期間に石油や石炭以上に消費が伸び、年平均3.1%で増加している。天然ガスは、気候変動問題への対応が強く求められる先進国を中心に、発電用や都市ガス用の消費が増加している。2022年の天然ガスのシェアは23.5%であった。

2022年時点のシェアは7.5%と、エネルギー消費全体に占める割合はまだ大きくないが、気候変動問題への対応や設備価格の低下等を背景に、近年急速に伸びているのが、太陽光や風力等の再生可能エネルギーである。今後も気候変動対策の進展等にともない、再生可能エネルギーのシェア拡大が予想される。

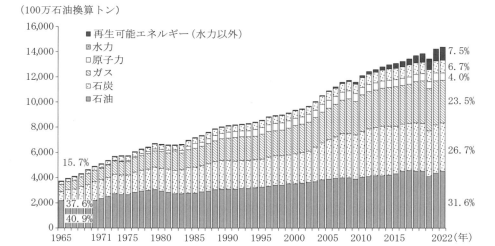

図10.2　エネルギー源別の世界のエネルギー消費量の推移

（出典：「エネルギー白書2024」経済産業省資源エネルギー庁）

2015年12月にフランス・パリで開催されたCOP21（国連気候変動枠組条約第21回締約国会議）では、2020年以降、すべての国が参加する公平で実効的な国際枠組みである「パリ協定」が採択され、産業革命前と比べて気温上昇を2℃より低く抑えること、さらに1.5℃までに抑えるよう努力することが盛り込まれた。その後、各国においてパリ協定の締結が順調に進み、2016年11月に発効した。また、2018年に開催されたCOP24では、2020年以降のパリ協定の本格運用に向けて、パリ協定の実施指針が採択された。パリ協定の発効、実施指針の採択は、多くの国が気候変動問題に対して積極的に取り組んでいることを示す象徴的な出来事である。気候変動問題への対応は、エネルギーの選択に大きな影響を及ぼすため、今後もその動向を注視していく必要がある。

次に、代表的な一次エネルギー資源の分布や埋蔵量について述べる。世界の石油確認埋蔵量は、2020年末時点で約1.7兆バレルである。これを2020年の石油生産量で除した可採年数は53.5年である。1970年代のオイルショックの際には石油資源の枯渇が懸念されたが、回収率の向上や新たな石油資源の発見・確認により、1980年代以降は40年程度の可採年数を維持し続けてきた。

近年は、アメリカのシェールオイルや、ベネズエラやカナダにおける超重質油の埋蔵量が確認され、可採年数は増加傾向にある。とくに、在来型石油とは異なる生産手法を用いて生産されるシェールオイル（タイトオイル）が注目されている。2015年のアメリカエネルギー情報局（以下「EIA」という）による発表では、世界のシェールオイルの可採資源量は4,189億バレルと推定されており、おもなシェールオイル資源保有国は、アメリカ、ロシア、中国、アルゼンチン、リビア等である。

次に、世界の天然ガス確認埋蔵量は、2020年末時点で188.1兆m³である。中東のシェアは40.3％と高く、ヨーロッパ・ロシア・その他旧ソ連邦諸国が31.8％で続く。石油埋蔵量の分布と比べると、天然ガス埋蔵量の地域的偏りは比較的小さい。また、2020年末時点の確認埋蔵量を2020年の生産量で除した天然ガスの可採年数は48.8年である。近年、シェールガスや炭層メタンガス（以下「CBM」という）などの非在来型天然ガスの開発が進展しており、

特にシェールガスは多くの資源量が見込まれている。2015年のEIAの発表によると、シェールガスの技術的回収可能資源量は評価対象国の合計で214.4兆m³とされ、在来型天然ガスの確認埋蔵量よりも多いと推計されている。北米以外では、中国やアルゼンチン、アルジェリアなどに多くのシェールガス資源が存在すると報告されている。

　石炭の確認埋蔵量は2020年末時点で10,741億トンである。これを2020年の石炭生産量で除した可採年数は139年である。石炭は、アメリカ、ロシア、オーストラリア、中国、インドなどに多く埋蔵されており、石油や天然ガスと比べて地域的な偏りが少なく、世界に広く分布しているという特徴がある。炭種別の確認埋蔵量は、瀝青炭と無煙炭が7,536億トン、亜瀝青炭と褐炭が3,205億トンである[1]。

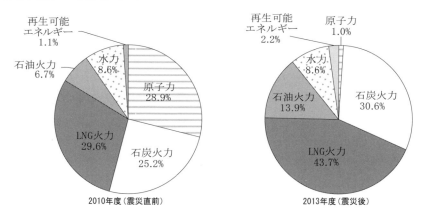

図10.3　わが国における2010年度と2013年度の電源構成の比較

（出典：資源エネルギー庁資料から著者作成）

　さて、周知のとおり、日本にはほとんど資源がないため、一次エネルギーについてはほぼ輸入に頼らざるを得ない状況である。このため2011年3月の原発事故が起こるまでは、化石燃料を必要としない原子力が最大の電力供給源として期待されてきた。しかし、この事故のため国内のすべての原発は運転を停止せざるを得なくなった。しかし、2015年8月に九州電力川内原子力発電所の再稼働を皮切りに、現在、各地の原発の再稼働準備が進められている。

日本における2010年度（震災直前）と2013年度（震災後）の電源構成を図10.3に示す。2010年度に原子力が28.6%であったのに対し、2013年度には1.0%になっている。現在では、この原子力の分を石炭火力・LNG（液化天然ガス）火力・石油火力で補っている。つまり、化石燃料によって全体の約9割を補っていることになる。化石燃料のほとんどを輸入に頼っていることも問題であるが、この化石燃料の使用によるCO_2排出量の増加も地球温暖化にとってきわめて深刻な状況である。

10.2 原発事故 ─ 電力会社と地域住民との裁判 ─

　福島第一原発事故後、わが国の原発は一度すべてが完全に停止した。しかし、停止したままでは、火力発電所のフル稼働による地球温暖化や電気料金の値上げなどの新たな問題が生じるというのが政府の考えである。
　2015年8月11日の、経済産業相の会見では「再稼働しない、電気料金を抑える、地球温暖化対策でそれなりの目標をセットする、という3つを満たすのは不可能だ」と原発再稼働への理解を国民に求める発言をした。とくに、福島第一原発事故前に電力の約3割を賄っていた原発が止まった分を、日本はコストが原子力発電よりも高いといわれている火力発電で補っている。燃料費の負担増で、電気料金は事故前と比べ現在では家庭向けが25〜30%、企業向けが30〜40%も上がり、このままでは国民への経済的圧迫の他、産業の海外流出が懸念される。原子力発電であれば、温暖化対策としても原発はCO_2をほとんど排出しないため、国内全体の温室効果ガス排出量を2013年比で26%削減するという政府の目標（当時）に大きく貢献できる。実際にCO_2排出量は、火力発電を主とする2013年の方が、原発事故前の原発を主としていた2010年の排出量よりも10%増えている状況であった[2]。このような背景から、全国的に原発再稼働の準備が進められている。一方、原発周辺に住む地域住民にとっては「もし、また事故が起こったら」という大きな心配もあり、再稼働するか否かを裁判によって決定するという異例の事態となっている。
　この地域住民と電力会社の再稼働をめぐる裁判で、最初に判決が出たのが福井県の高浜原発に関するものであった。福井地裁は2015年4月14日、震

災以降運転を停止している高浜原子力発電所3、4号機(高浜原発)の再稼働の差し止めを関西電力に命じる仮処分を決定した。理由は、「原子力規制委員会が策定した新規制基準は緩やかにすぎて合理性に欠き、適合しても安全性は確保されていない」というものであった[3]。新規制基準とは、福島第一原発事故の教訓を踏まえた災害対策から近年のテロ対策なども含めた、原発稼働に際し高水準で安全性を確保するための規定である。

一方、2015年4月22日、新規制基準に合格した九州電力川内原子力発電所1、2号機(川内(せんだい)原発)の再稼働差し止めを求めた地域住民らの仮処分申し立てを鹿児島地裁が却下した。その理由は、「新規制基準は原子力規制委員会が相当期間にわたって審議して定められたもので、最新の科学的知見に照らし、不合理な点は認められない」というものであった。原発の安全対策を強化した新規制基準の妥当性が認められ、大地震の揺れなどにも安全性が確保できると判断したのである。そして、2015年8月20日から出力100%で稼働している[4]。

このように、高浜原発と川内原発の裁判の結果は完全に異なるものとなった(図10.4)。司法によって判断が異なるほどの、高度に専門的な議論に一般市民が判断を下すのは容易ではない。この裁判のポイントは「原発が安全か否か」ではなく、むしろ「地域住民が安心して生活できるか否か」ではないだろうか。どれだけ安全性が科学的に証明されていても、地域住民が不安を抱いたままで再稼働をしてよいものだろうか。なお、2015年12月24日、高浜原発の再稼働を差し止めた仮処分の保全異議審で、福井地裁は関電の異議を認め、同地裁による仮処分決定を取り消した。これにより関電は原発再稼働の準備に入った。

このような背景があるにも関わらず、全国的に原発再稼働の準備は着々と進められている。2015年11月、関西電力は美浜原子力発電所3号機(福井県)の運転延長申請を原子力規制委員会に対して行った。美浜3号機は運転開始から40年となる国内でも最も古い原発のひとつであり、関電の「原発事業の象徴」でもある。関電が行ったこの延長申請は老朽原発でも安全性を確保できれば再稼働させるという「不退転の決意」を示したものだ。関西電力は、既述の高浜原発の運転差し止めを認めた司法判断の対応と同時に、老朽

化した原発の再稼働計画も同時に進めている[5]。現在、関電が有する3つの原発（美浜原発、大飯原発、高浜原発）では、廃止措置中の原子炉もあるが、すべての発電所において原発が再稼働している状況である。

福井地裁（高浜原発）
「原子力規制委員会が策定した新規制基準は緩やかにすぎて合理性に欠き、適合しても安全性は確保されていない」

司法の意見対立

鹿児島地裁（川内原発）
「原子力規制委員会が相当期間にわたって審議して定められたもので、最新の科学的知見に照らし、不合理な点は認められない」

注）2015年12月24日、福井地裁は仮処分を取り消し、原発再稼働を認め、2016年1月29日、高浜原発3号機は再稼働をした。

図10.4　原発再稼働について見解が分かれた裁判

10.3　エネルギーの種類

　そもそもエネルギーとは何か？　ここでは、このエネルギーの種類や電力源について分類するとともに、それらのメリット・デメリットについて解説する。エネルギーとは「物体がもっている仕事をすることができる能力の総称」のことである。そして、これまでに述べてきた石油や石炭などの資源は、エネルギーのもととなる原料や材料のことである。

　われわれが普段使用する電気やガスは、石油や石炭などを使いやすくするように変化させたものであり、自然界から発掘した石油や石炭などの資源を「一次エネルギー」、一次エネルギーを変換させた電気やガスのことを「二次エネルギー」とよぶ。

表10.1　各発電方法のメリットとデメリット

（出典：「データで読み解くエネルギー」電気事業連合会から筆者作成）

メリット	デメリット
石炭火力（12.5 円/1kWh、943g-CO_2/kWh） 石炭を燃やして水を熱し、そのときに発生する蒸気でタービンを回し、発電機を動かして電気をつくる	
・安定的に大量に発電できる ・埋蔵量が豊富で安定的に調達可能 ・発電出力を調整しやすい	・国際的な資源の獲得競争が激しくなると、将来的に調達することが難しくなる ・二酸化炭素の排出量が多い
石油火力（26.7 円/1kWh、738g-CO_2/kWh） 石油を燃やして水を熱し、そのときに発生する蒸気でタービンを回し、発電機を動かして電気をつくる	
・安定的に大量に発電できる ・原油の運搬、貯蔵などが簡単 ・発電出力を調節しやすい	・国際的な資源の獲得競争が激しくなると、将来的に調達することが難しくなる ・他の化石燃料と比べ、資源の埋蔵量が少ない ・価格の変動が大きい
LNG 火力（10.7 円/1kWh、599g-CO_2/kWh） LNGを燃やして水を熱し、そのときに発生する蒸気でタービンを回し、発電機を動かして電気をつくる	
・安定的に大量に発電できる ・発電出力を調整しやすい ・石油や石炭より二酸化炭素の排出量が少ない	・国際的な資源の獲得競争が激しくなると、将来的に調達することが難しくなる ・長期貯蔵や輸送が難しい ・石油価格に連動して価格が変動する
原子力（11.5 円/1kWh、20g-CO_2/kWh） ウランの核分裂により発生した熱で水を熱し、そのときに発生する蒸気でタービンを回し、発電機を動かして電気をつくる	
・少ない燃料で安定的に大量に発電できる ・燃料を安定的に調達できる ・発電時に二酸化炭素を出さない	・万一事故が起きたときのリスクが大きいため、安全対策の徹底が必要 ・高レベル放射性廃棄物の最終処分地が未定
太陽光（12.9〜17.7 円/1kWh、38g-CO_2/kWh） 光エネルギーから直接電気をつくる太陽電池を利用した発電方式	
・自然エネルギーなのでなくならない ・発電時に二酸化炭素を出さない ・小規模な利用もできる	・天候に影響をうけるので不安定 ・他の発電方法に比べて発電コストが高い ・大量に発電するためには広い面積が必要
風力（19.8 円/1kWh、25g-CO_2/kWh） 風の力を利用して風車を回し、風車の回転運動で発電機を動かして電気をつくる	
・自然エネルギーなのでなくならない ・発電時に二酸化炭素を出さない	・天候に影響をうけるので、不安定 ・他の発電方法に比べて発電コストが高い ・大量に発電するためには広い面積が必要
水力（10.9 円/1kWh、11g-CO_2/kWh） 水が高いところから低いところへ落ちる力を使って水車を回し、発電機を動かして電気をつくる	
・貯めた水を利用して必要なときすぐに発電できる ・発電時に二酸化炭素を出さない	・発電量が水量に左右される ・大きなダムを建設できる場所がほとんど残っていない
地熱（16.7 円/1kWh、13g-CO_2/kWh） 地中深くから取り出した蒸気で直接タービンを回し、発電機を動かして電気をつくる	
・発電時に二酸化炭素を出さない ・季節や天候、時間による影響を受けにくい	・他の発電方法に比べて発電コストが高い ・国定公園や温泉の近くにつくられることが多いため、関係者との調整が必要

このエネルギーの分け方にはいくつかの方法があるが、最も一般的なものが石油や石炭などの化石燃料によって得られる「化石エネルギー」と、それ以外のものから得られる「非化石エネルギー」である。そして、化石エネルギー由来の電力源としては、石炭・石油・天然ガスなどから発電する火力発電、非化石エネルギー由来の電力源としては、放射性物質を利用する原子力発電、自然の力を使った発電（水力発電・太陽光発電・風力発電・地熱発電・波力発電など）がある。とくに非化石エネルギーのなかでも、自然の力を使って得られるエネルギーを「再生可能エネルギー」とよぶ。

それぞれの発電方法にはメリットとデメリットがある。たとえば、火力発電では安定してエネルギーを供給できる一方、CO_2 排出による地球温暖化や、資源の枯渇などの懸念がある。原子力発電では、CO_2 排出量がきわめて少なく、一度に効率よく莫大なエネルギーが得られるため低コストで供給できるが、事故が起きたときの被害は計り知れない。表 10.1 に各発電方法のメリットとデメリットを示す。

10.4　エネルギーミックス

このように発電方法にはメリットとデメリットがあり、安全で、CO_2 排出量が少なく、値段が安く、安定供給が可能といった完璧なエネルギー源は存在しない。このため、われわれが利用する電力もひとつの発電方法だけでなく、火力や水力、原子力といったエネルギーを組み合わせて使うことが必要となる。このように発電方法をミックスして電力を生み出すことを「エネルギーミックス」という。政府は 2030 年時点の電源構成で、再生可能エネルギーの割合を原子力よりも多くすると発表している。しかし、発電コストが高い再生可能エネルギーの割合を増やせば、国民に対して電気料金の負担が増える可能性がある。図 10.5 に 2023 年と、政府が発表した 2030 年の電源構成を示す。

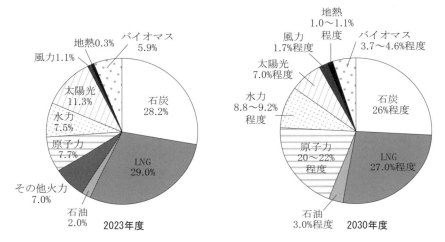

図10.5　わが国における2023年と2030年の電源構成

（出典：資源エネルギー庁資料から著者作成）

10.5　太陽光発電

　太陽が1秒間に発するエネルギーは、これまでに人類が消費した全エネルギーを遥かに凌ぐ。地球に到達するエネルギーはそのごく一部となるが、それでもたった1秒で世界の年間総電力量を上回る42兆kcal/秒という莫大なエネルギーを受け取っている。太陽光発電とは、まさにこの太陽からの無尽蔵なエネルギーを電気に変換する仕組みをいう。

　太陽電池の歴史は古く、いまから約60年前、1954年にアメリカのベル研究所のシャピン、フーラー、ピアソンの3名が世界初の太陽電池（単結晶シリコン型）を発表したのがはじまりである[6]。日本では1955年に日本電池が太陽電池の試作品を作り、1959年にシャープが太陽電池の研究開発を始めた。また、1974年に通産省の「新エネルギー技術研究開発計画（通称：サンシャイン計画）」がスタートすることで、京セラ、三洋電機などの企業も太陽電池の開発に着手した。さらに、1980年に現在のNEDO（国立研究法人新エネルギー・産業技術総合開発機構）が誕生し、産官学が総力を結集して研究開発が進められることとなった。そしてついに、1999年には京セラが太陽電池生産

量で世界トップとなり、2000年代初頭、日本は太陽電池の生産量と累積導入量で世界1位を誇った。2005年の企業別生産量では世界のトップ5に4社もの日本企業が名を連ね、日本は世界の太陽電池をリードしてきた経緯がある。

しかし、2000年代後半には諸外国の太陽電池メーカーが日本のメーカーを追い抜いてしまった。この背景には、諸外国の政策、とくにドイツにおける「フィードインタリフ（FIT制度）」とよばれる自然エネルギーによって発電された電力の固定費買取制度や、中国企業の大量生産による価格競争力の向上、アメリカで起きたリーマンショックによる経済危機などがある[7]。

表10.2に太陽光発電の国別年間導入量と累積導入量（2023年）を示す。いずれも中国が世界トップであり、次いでEU、アメリカ、インドとなる。

表10.2　世界の太陽光発電年間導入量と累積導入量　上位10か国（2023年）

（出典：「PVPS Snapshot of Global PV Markets　国際エネルギー機関・太陽光発電システム研究協力プログラム（IEA PVPS）報告書」等から筆者作成）

	年間導入量（単位：GW）			累積導入量（単位：GW）	
1	中国	235.5	1	中国	622
(2)	EU	55.8	(2)	EU	268.1
2	アメリカ	33.2	2	アメリカ	169.5
3	インド	16.6	3	インド	95.3
4	ドイツ	14.3	4	日本	91.4
5	ブラジル	11.9	5	ドイツ	81.6
6	スペイン	7.7	6	スペイン	37.6
7	日本	6.3	7	ブラジル	35.5
8	ポーランド	6.0	8	オーストラリア	34.6
9	イタリア	2.3	9	イタリア	30.3
10	オランダ	4.2	10	韓国	27.8

注：数値は四捨五入による。2023年のEU加盟27か国のうち、ドイツ、スペイン、ポーランド、イタリア、およびオランダが累積導入量または年間導入量のいずれかで上位10か国入りを果たしている。EUは、欧州委員会（EC）の共同研究センター（JRC）を通じてIEA PVPSに加盟している。

※中国の公式報告値。IEA-PVPS暫定評価（年間277GW、累積704GW）を下回っている。出典：IEA PVPS

10.6 太陽電池の仕組み

1830年にフランス人物理学者A.ベクレルによって、初めて太陽電池の起源となる光から電気を発生させること（光起電力効果）が発見された。ベクレルは電解液に浸したふたつの白金電極からなる湿式セルに光が照射されると電圧が発生することを報告した[9]。そして、現在主流になっているシリコン型太陽電池を発表したのが前節で述べたシャピンらである[7]。この論文で彼らは「新しい時代の始まりがやってきた。やがて人類の最も大切な夢が実現するであろう。ほぼ無限の太陽エネルギーを活用して（つまり太陽電池を活用し）文明に役立てる時代がやってくる」と述べている。

図10.6に、現在のシリコン型太陽電池のメカニズムを簡単に示す[8]。

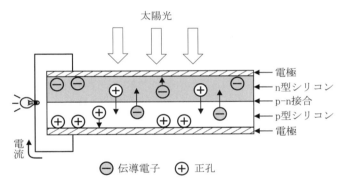

図10.6　シリコン型太陽電池の発電メカニズム

（新エネルギー・産業技術総合開発機構(NEDO)「NEDO再生可能エネルギー白書　第2版」より筆者作成）

シリコン型太陽電池は「p型」「n型」とよばれる2種類のシリコンの薄板を貼り合わせたような構造（p-n接合）になっている。n型の半導体は「動きやすい」電子（伝導電子）がやや多く、接触した材料に電子が逃げ出しやすくなっている。逆にp型の半導体は伝導電子がやや少なめで、電子が足りない場所（正孔）をもっている。このふたつを接合すると、伝導電子はn型シリコンの方に、正孔はp型シリコンの方に集まり（ドリフト電流）、それぞれの電極間に起電力が生じる。このときに、電球などをつなげると電流が流れる

のである。また、太陽電池の能力を表すものとして「変換効率」がある。変換効率とは太陽電池に入射した光のエネルギーのうち、電気エネルギーに変換した割合を表す数値である。つまり、以下の式で変換効率を求めることができる。

$$変換効率 = \frac{出力電気エネルギー}{入射する太陽光エネルギー} \times 100 (\%)$$

現在の変換効率は、住宅用太陽光発電では 15〜20% であり、20% を超えるものもなかにはある。

10.7　次世代型太陽電池

一般の住宅などの屋根やメガソーラーなどの発電所で用いられている太陽電池は、前節で述べたシリコン型のものが大部分を占める。しかし近年、さまざまな種類のものが増えてきている。なかには変換効率が 42% を達成したものもある（開発段階であるが、宇宙開発では実用化されている）。これらの太陽電池は大きく、前節のシリコン系と化合物系の 2 系統に分類され、化合物系には無機系と有機系とに分けることができる。

この有機系のなかには、色素増感太陽電池（DSC）とよばれる色素に光を当てることで電子を放出するという仕組みを用いたユニークな太陽電池もある。DSC は、これまで性能や耐久性が課題であったが、製造が容易なため低コストの太陽電池として期待されている。また、材料となる色素は有機化合物であるため、その種類の豊富さから、高性能化の可能性の高い太陽電池として期待されている。たとえば、2009 年にグラッツェルはルテニウム錯体色素を用いて、変換効率 12.3% の到達に成功した[10]。また、2013 年には、バーシュカらがペロブスカイト（結晶構造の一種）系色素を用いて、変換効率 15% の到達に成功したと発表している[11]。すなわち、既存のシリコン型太陽電池に並ぶ変換効率を実現したことになる。そして、このペロブスカイト型太陽電池が最近では、変換効率が 30% に迫る、しかも、曲げられるようになったという報告がある[12]。

第11章

日本の森林

　かつては神が宿るとまで言われた日本の森林。森林は、自然災害の防止や森の恵みの提供の観点から、私たちの生活にはなくてはならないものである。しかし現在、この森林は放置され、林業は衰退の一途をたどっている。

　本章では、このような森林の役割や荒廃の現状について解説する。また森林問題のなかには、無尽蔵に拡大する竹林の対応に自治体や地主などが追われている現状もある。ここでは、森林の植物のなかでもとくに成長の早い竹に焦点をあて、竹の利用の歴史や竹林の荒廃、竹林整備に向けた自治体などの取り組みについて紹介する。最後に、森林を使った環境教育やエコツーリズムの具体例などを述べる。

11.1　森林の役割

　近年、地球温暖化に起因する大雨やゲリラ豪雨などの異常気象により、土砂崩れや河川の決壊などの被害が相次いでいる。このため、土砂災害の防止機能をもつ森林の役割が見直されつつある。このような森林の役割には、(1) 生物多様性保全機能、(2) 地球環境保全機能、(3) 土砂災害防止/土壌保全機能、(4) 水源涵養機能、(5) 快適環境形成機能、(6) 保健・レクリエーション機能、(7) 文化機能、(8) 物質生産機能の8つに分けることができる。日本学術会議の試算によると、「(2) 地球環境保全機能」「(3) 土砂災害防止/土壌保全機能」「(4) 水源涵養機能」「(6) 保健・レクリエーション機能」の4つの機能だけで年間約70兆円分の経済効果が見込まれるとしている[1]。次に、

森林の各機能を簡単に説明する。

(1) **生物多様性保全機能**：わが国は国土の 3 分の 2 が森林に覆われた世界でも有数の森林国であり、この森林には樹木や草、コケなどの植物や、菌類、土壌微生物、昆虫類、鳥類、爬虫類、哺乳類など多くの生物が生息しており、鳥類だけで約 80 種類、植物では約 3,400 種類も生息している。生物多様性保全機能とは、このような生物の多様性を保護して安全に保つ機能のことである。

(2) **地球環境保全機能**：森林が光合成によって、人間が排出した CO_2 を吸収し、酸素に変える機能のことである。地球全体の CO_2 濃度がこの光合成によって大きくゆらぐほどこの機能の影響は大きい。とくに熱帯林は「地球の肺」とよばれることもある。しかし、森林による吸収よりも人間が排出した CO_2 の方が多いため、地球温暖化が進行しているのである。

(3) **土砂災害防止/土壌保全機能**：樹木や草木が地面を覆い、その根が土壌を押さえることにより、雨による表面土壌の流出や、土砂崩れなどを防止する機能のことである。森林と伐採した裸地とでは、土壌の流出量が 100 倍以上異なる。また、森林には、落ち葉などが土壌に養分を供給し、さらに河川を通じて海へ栄養を供給する機能もある。

(4) **水源涵養機能**：森林土壌が降水を一時貯留し、河川へ流れ込む水量を平準化して洪水を緩和する機能のことである。森林土壌は、有機物やさまざまな生物によってスポンジのような構造となっているため、裸地よりも雨水を地中に浸透させる能力が約 3 倍もある。このため、森林は「緑のダム」ともよばれている。

(5) **快適環境形成機能**：森林の蒸発散作用により夏の気温を下げ、冬の気温を上昇させるなど地球の気温変化を緩和する機能のことである。また、都市部におけるヒートアイランド現象を抑えたり、防風、防音、汚染物質などを吸収したりする機能もある。

(6) **保健・レクリエーション機能**：ハイキングや森林浴など、レクリエーションの場を提供したり、肉体的・精神的な疲労を回復させたりする機能のことである。実際に、森林の中の樹木が発する「フィトンチッド」には、人の精神を安定化させるリラックス効果や、肝機能改善などの効能がある

といわれている。

(7) **文化機能**：森林は古くから信仰の対象でもあり、さまざまな文化の場所や背景として関わってきた。このような文化との関わりを森林の文化機能という。

(8) **物質生産機能**：建築材料、紙の原料などの資源の他、きのこや山菜などの食物を森林が生産する機能のことである。また近年、石油などの化石燃料に代わる燃料として、環境負荷が少ない端材から作られた木質ペレットなどの活用が期待されている[2, 3]。

11.2 林業の衰退

わが国は全国土面積3,780万haのうち、森林面積は2,502万haであり、国土面積の3分の2を占めている。OECD諸国内では、フィンランド、スウェーデンに次いで3番目の森林率となっている。日本における森林蓄積は人工林を中心に年々増加傾向にあり、人工林は森林全体の6割を占めている[4]。しかし近年、世界に誇るわが国の森林は放置され、戦後日本を支えた林業は衰退しつつある。ここでは、江戸時代から戦前・戦後、そして現代に至るまでの林業の盛衰について解説する。

江戸時代が世界でも有数の循環型社会を形成していたことは、第7章で述べた。しかし、森林に関してはかなり悲惨な状況であったようである。日本では古くから、道具や建造物を作るときには木材を利用してきた。農機具や荷車、橋や城などもすべて木材を使ってきた。現在の鉄筋コンクリートの建設工事でもよく「土木工事」といわれるように、昔から物を作るときには木と土を利用してきたのである。

江戸時代には、人口が集中した江戸や京都・大坂（現在の大阪）などの大都市で城や寺院をはじめとする建築用の木材需要が急速に増大したことから、全国各地で森林伐採が盛んに行われ、山には木がまばらにしかない状態となり、森林資源の枯渇や災害の発生が深刻化するようになった。このため、幕府や各藩によって、洪水防止のための植林活動を推進したり、森林伐採を禁止する「留山（とめやま）」を発令したりした。これほどまでに江戸時代の森林は傷めら

れていたのである。このような背景から、1666年に幕府は「諸国山川掟（しょこくさんせんおきて）」を発令し、森林開発の抑制とともに河川流域の造林を奨励した。また、大都市などでの需要に応じ、木材生産を目的とする本格的な民間林業が発達し、現在に至る林業地が形成された。ここで造林されたのはおもに針葉樹であるスギやヒノキであり、その育苗、植栽、保全などの技術開発および普及が進んだ。

　明治になると西洋技術の影響を受け、近代化が積極的に進められた（文明開化）。木材の利用についても、これまでの建築用の他に、鉄道の枕木、造船材料、紙の原料など、さまざまな用途に使われるようになった。これにともない、国内各地で森林伐採が盛んに行われたため森林の荒廃は再び深刻化し、災害が多発した。そこで、明治政府は1897年に「森林法」を制定し、森林伐採の規制が行われたのである。しかし、日清・日露戦争などの影響もあり、木材需要の増大を背景に各地で林業生産が盛んとなり新たな林業地も生まれ、天然林の伐採とともに木材の再生産を目的とした植栽が行われた。

　第二次世界大戦後の日本の林業政策は、戦後復興と朝鮮戦争特需によってさらに増大する木材需要に応えるため、1951年に森林法を改訂し、大規模伐採と拡大造林が行われた。拡大造林とは、天然林に多い広葉樹を伐採した後に、経済価値の高いスギやヒノキなどの針葉樹を植えて人工林を拡大していくことである。

　一方、政府の「貿易・為替自由化計画大綱」（1960年）に基づき、木材輸入の自由化が段階的に進められ、昭和30年代を通じて、丸太、製材、合板などの輸入が自由化された。さらに、炭や薪などをエネルギー源としていた時代から、電気・ガス・石油に切り替わり始めたのもこの時期であり、木材輸入の自由化と重なって、国内木材の需要は激減していった[5, 6]。図11.1にわが国における木材の供給量と自給率を示す。

　1960年の自由貿易化以降、国産材の供給量と自給率は全体としては減少傾向にあるものの、1998年頃から、緩やかではあるが微増傾向である。これは、地球温暖化対策として、1997年に京都議定書が採択されたことや、森林によるCO_2吸収源対策としての間伐などについて、毎年の補正予算で追加的財源を確保しつつ、2008年に成立した「森林の間伐等の実施の促進に関する特別

措置法」の施行などが背景にある[7]。

　図 11.1 を見ると自給率が最低であった 2002 年と 2023 年とを比較すると 2 倍程度上昇している。しかしながら、依然として林業を取り巻く環境は厳しい状況にある。林業は国内総生産（GDP）のわずか 0.1%にすぎず、林業従事者も総人口の 0.04%にも満たない（4.5 万人程度、2015 年）。また、林業家の所得は、国内の大規模な事業所であっても、平均年収はわずか 360 万円前後とのことである。勤労家庭の平均年収が 460 万円を超える時代に、この年収は少ない。この急激な落ち込みは、木材価格がピーク時に比べ 10 分の 1 に暴落したことがある。そして、林業従事者が増えないのは、広大な山を大変な労力を費やして管理しても、わずかな収入しか得られない林業に見切りをつけている人が多いからであろう。

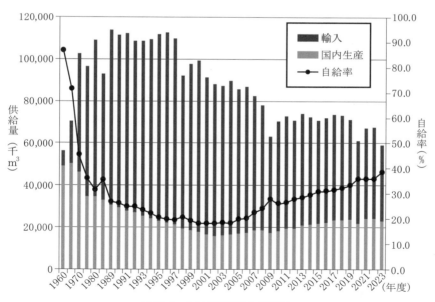

図 11.1　木材の供給量と自給率

（出典：「令和 5 年木材需給表」農林水産省から筆者作成）

11.3 竹の生態と歴史

イネ科に属する竹は、イネ科のなかでも原始的なものと考えられており、成長スピードがきわめて早い植物であることで知られている。成長期には1日に1m以上も伸びることがある。この驚異的な成長スピードの理由は地下茎にある。地下茎は1年に7～8mも成長し、新しく芽生えたタケノコはこの地下茎でつながっている他の竹から直接的に栄養分をもらうのである。いわばタケノコはその竹林のクローンといえよう。

また、竹には60個程度の節があるが、この節は成長段階で増えるのではなく、タケノコの時期から節の数は変わらない。すなわち、節と節との間隔が広がることによって成長するのである。これらが驚異的な成長スピードの理由である。

なお、前節で述べたスギやヒノキは20年経っても10m程度にしかならないが、竹は2か月弱の間に20m以上も成長し、1～2年で成長は止まる。また、非常に競争力のある植物でもある。そして、竹は冬でも葉を落とさず常緑で、1年中光合成を行っている。葉を落とさないため竹林の林床は日光が届かないことから、他の種類の植物が生息しにくいのである。このように競争力が高いために他の生態系を侵食し破壊してしまうことが問題になっている。また、竹はタケノコで繁殖すると思われがちだが種子植物であるため、稲穂状の黄緑花をつけた後は種子を実らせて枯死する。その開花周期は60年から120年といわれている。開花した翌年には、若竹も老竹も一斉に枯死するため、昔から竹に花が咲くと凶事の前触れと恐れられてきた。実際の理由としては、竹の猛烈な成長スピードと繁殖力の強さから、限られたエリアでは過密状態となり土壌が栄養不足になるため、種の保存の観点から自ら枯死すると考えられている。このような特徴は一般の樹木には見られないものであり、竹の生態はまだ不明な部分が多い。

日本に生息する竹には、モウソウチク、ハチク、キッコウチク（モウソウチクの根元部分が亀甲状に変化したもの）などをはじめ数十種類あるとされているが、最もよく目にする種類はモウソウチクである（図11.2）。

このモウソウチクは、1736年に中国から薩摩（現在の鹿児島県）に渡来し

たことで知られている外来種である。竹林は森林と違った育成の様子、竹林独自の固有種が少ないことから、その始まりはそれほど古くないと考えられている。一方、鹿児島県で数十万年前のものと思われる竹の化石も出土したという報告もあり、実際にはいくつかの種類が日本に自生した可能性もある。

(a) モウソウチク　　　　　(b) キッコウチク

図 11.2　群生するモウソウチクとキッコウチク

　モウソウチクは竹のなかでもタケノコの発生時期が早いことから各地で積極的に栽培され、現在ではモウソウチク林の面積が最も大きくなっている。昔から、すだれ、籠、和傘、扇子など生活に密着した道具、土壁の補強材などの建築材や茶せんなどの茶道具、楽器類などの材料として使われてきたが、現在ではプラスチック製品の普及やライフスタイルの変化により、一部の工芸品などのほかには利用されなくなってきている。しかし、竹資源の有効利用の観点から、竹を肥料化する竹肥料農法や竹バイオマスなど新しい利用付加価値を見出す取り組みが行われている[8]。

11.4 竹林の荒廃

　林業全体の低迷化と同様に竹林もまた手入れをする人が減少し、竹林のやぶ化が進んでいる。手入れされた竹林とは、一般に「傘をさして歩ける程度間伐されている状態」といわれている（図11.3）。しかし、放置しておくと成長スピードが早いため竹林面積は拡大する一方である。図11.4にわが国の竹林面積の推移を示す。

　竹林面積は昭和50年代後半から増加し、2007年は1981年に比べ約1割増加している。とくに外来種であるモウソウチクの面積が最も大きく、年間8%ずつ竹林面積を広げているといわれている[9]。

　全国都道府県では、鹿児島県が最も竹林面積が大きく、大分県、山口県と続く（表11.1）。竹林面積の多い都道府県は九州・中国・四国地方に多い。また、竹林の森林に占める割合は全国平均で約0.6%といわれている。

(a) 放置された竹林　　　　　　　　　(b) 整備された竹林

図11.3　放置された竹林と整備された竹林の違い

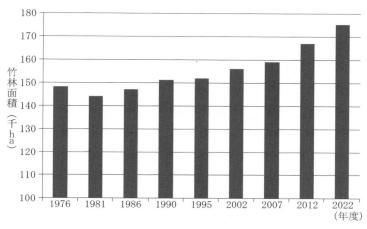

図 11.4 竹林面積の推移

(出典:「森林資源の現況」林野庁から著者作成)

表 11.1 竹林面積の多い都道府県

(出典:「森林・林業統計要覧 2024」林野庁から著者作成)

順位	都道府県	竹林面積（千 ha）
1	鹿児島県	20
2	福岡県	15
3	大分県	14
4	山口県	12
5	島根県	11
6	千葉県	10
6	熊本県	10
8	岡山県	6
9	京都県	5
9	徳島県	5

竹林の荒廃がもたらす防災面の影響としては、竹林地帯が地すべり、土砂崩れを起こすことがあげられる。昔から「地震が起きたら竹林に逃げればよい」と言われているが、これは竹林が地下茎でつながって一体化しているためと思われる。健康な状態の竹林であればこのような防災上有益な点もあるが、放置され老朽化した竹林での災害の危険性が報告されている。

　とくに、枯死した老竹が高い密度で立ち並んだ竹林は、日光が届かないため薄暗く、下草が育成しづらい。また、落葉した竹の葉の腐食が進行しないため土壌化せず保水力もきわめて低い。さらに、地下茎の深さは 50cm 程度であるため、これを上回る土砂崩れが発生すると、防災上の竹林はまったく役に立たない。また環境面の影響では、資源涵養機能の低下、生物多様性保全機能の低下、地球環境保全機能の低下（CO_2 吸収力の低下）などが考えられる[9]。

11.5　竹林整備に向けた取り組み

　竹林整備を促進するためには、これまで以上に竹の付加価値を見出し、竹の有効利用法を考えていくことが大切である。最近では、伐採した竹を粉砕機でパウダー状にしたものを肥料として利用する取り組みがなされている。島根県江津市の農家では、乳酸発酵させた竹をパウダー状にした肥料（竹パウダー）を土に混ぜることで、野菜の成長を促進している。また、竹パウダーにより野菜の中の硝酸イオン濃度を低下させたという報告もある。山形県東根市のサクランボ農家では、竹パウダーを使うことで、ぶどうの木と見間違えるほどサクランボがたわわに実ったそうである[10]。

　竹林整備と同時に、竹資源を地域活性化に活用する取り組みも行われている。京都府向日市では、台風による竹の倒壊、人手不足によって管理することが困難になってきていることなどの理由から、平成 12 年に「竹の径（みち）」を整備した。また、向日市観光協会が主催するイベント「竹の径・かぐやの夕べ」は、竹筒に入れた水にろうそくを浮かべた竹行灯（たけあんどん）を竹林道に約 4,500 本並べて火を灯し、ろうそくの優しいあかりに照らされる幻想的な雰囲気を楽しむイベントが行われている。地元の NPO や大学なども全面的に協力し、

約 5,000 人が毎年訪れている（図 11.5）。このような竹の有効利用は、竹林問題を抱える自治体や各種団体などが中心となって全国各地で取り組まれてきている。

図 11.5　竹を利用したイベント「竹の径・かぐやの夕べ」の様子
（出典：NPO 法人フロンティア協会提供）

11.6　森林フィールドワークによる環境教育

　森林は、学校などにおける環境教育の場としても有効に使われている。フィールドワークとして実際に森林におもむき、森林がもつ機能、生息する動植物、荒廃が進む様子などを観察し、現在の環境に至った経緯と今後起こりうる環境問題について考察するのである。環境教育とは本来、座学だけではなく、このような実学的な視点がきわめて重要である。環境教育を受けた人材が未来の地球のために正しく行動し続けるためには、実際に現状を見て「感じる」ことこそが大切なのである（図11.6）。

図 11.6　森林フィールドワークの様子

11.7　エコツーリズム

　エコツーリズムは、途上国などの自然環境を観光客に見せることによって経済復興を図ることと同時に、開発から自然を保護しようという産業のあり方を転換する考え方として注目されてきた。わが国では 1990 年頃からエコツアーを実施する民間事業者が、屋久島などの自然豊かな観光地で営業するようになり、1990 年代後半には日本エコツーリズム推進協議会（現日本エコツーリズム協会）などの民間推進団体の設立が相次ぎ、エコツーリズムの普及に向けた動きが加速した。

　そして、現在におけるエコツーリズムとは「自然環境や歴史文化を対象とし、それらを体験し学ぶとともに、対象となる地域の自然環境や歴史文化の保全に責任をもつ観光のありかた」と定義されている。すなわち、自然環境や歴史文化など、地域固有の魅力を観光客に伝えることにより、その価値や

大切さが理解され、保全につながっていくことを目指していく仕組みのことである。観光客に地域の資源を伝えることによって、地域の住民も自分たちの資源の価値を再認識し、地域観光のオリジナリティを高めることができる。さらに、一部地域の活性化だけでなく、地域のこのような一連の取り組みによって地域社会そのものが活性化されていくと考えられている[11]。

　環境省とNPO法人日本エコツーリズム協会が主催する「エコツーリズム大賞」で第19回（2023年度）の大賞に選ばれたのは、特定非営利活動法人NPO砂浜美術館、大方遊漁船主会および一般社団法人黒潮町観光ネットワークが実施した「小さな町の世界で一番大きな美術館」であった。35年に及ぶ活動歴を有する砂浜美術館とホエールウォッチングを長年続けてきた遊漁船主会、プロモーション機関の観光ネットワークの三者連携での取り組みである。とくに、南海トラフ地震による大津波が想定される名勝・入野松原での「防災学習」「脱炭素」を取り入れたプログラムが、災害大国日本のエコツーリズムのあり方を示す優れた取り組みとして高く評価された[12]。

第12章
日本の野生生物

　昔は日本のどこにでもいたメダカやカエルなどの野生生物、その多くは現在、絶滅危惧種に指定されている。わが国は島国であることから、その国独自の生物が多い、世界でも有数の国である。

　本章では日本の野生生物に焦点を当て、まず日本がいかに生物多様性に富んだ国であるかを述べ、現在、わが国で起きている野生生物の減少について言及する。次に、それらの生物保護に向けた取り組みを解説する。そして、減少する生物がいる一方で増加の一途をたどる生物について、その生物による被害状況や対策に向けた取り組みについて紹介する。

12.1　ホットスポット

　ホットスポット（または、生物多様性ホットスポット）は、地球規模での生物多様性が高いにも関わらず、破壊の危機に瀕している地域のことであり、1988年にイギリスの生物学者ノーマン・マイヤーズが、優先的に保護・保全すべき地域を特定するためのコンセプトとして提唱したものである。ノーマン・マイヤーズらの著書『ホットスポット：地球上の生物的多様性と危機に晒された陸生態域』によると、ホットスポットとは、① 維管束植物（種子植物やシダ類）のうち、1,500種以上がその地域の固有種であるが、② このような原生自然の70%がすでに失われている地域、と定義されている[1]。2024年時点では、世界で36か所が選定されている（図12.1）。

　ホットスポット内に残された原生自然は、地球の陸地面積の2.3%を占めるに過ぎないが、地球の植物種の約半数、脊椎動物種の42%がホットスポット

にしか生息していない[2)]。そして、図 12.1 に示すように、日本は国土全体がホットスポットに指定されている世界的にもきわめて生物多様性の高い地域なのである。

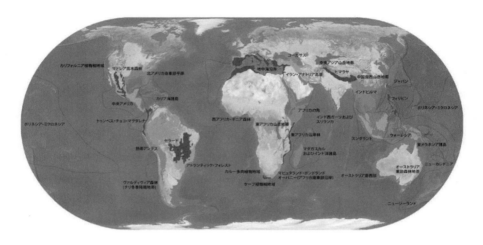

図 12.1 ホットスポット

（出典：コンサベーション・インターナショナル・ジャパン）

　3,000 以上の大小の島々から構成される日本列島は、北緯 22 度〜46 度に渡る南北に長く伸びた地形を有し、温暖湿潤気候と温帯気候を幅広くカバーしている。国土の約 7 割は森林であり、富士山のような 3,000m 級の高山も存在し、本州の中央の山脈（日本アルプス）は地球上でも有数の豪雪地帯である。また、太平洋側は非常に乾燥した地域となっている一方で、九州南端の屋久島は、世界でも珍しいほどの多湿な場所であり、場所によっては年間降水量が 5,000mm を超えるところもある（京都市のそれは 1,491mm）。そして沖縄には、フィジーやキリバスなどの太平洋島嶼国に多くみられるマングローブ林が存在し、両生類も多様で、その 75％が固有種である。

　一方、世界で最も北に生息し、温泉に入る姿が愛らしいニホンザル（通称「雪ザル」）などの固有種も存在する。生息する脊椎動物種のおよそ 4 分の 1 が固有種という日本のこのような豊かな自然を破壊しているおもな要因は、

都市開発と外来種の侵入である[2]。

12.2 日本の固有種・在来種の減少

　童謡「めだかの学校」「かえるの合唱」「蛍の光」にみられるように、メダカやカエル、ホタルはかつて日本のどこにでもいた生物である。しかし、これらの生物、とくに日本の固有種の多くは環境省のレッドデータブックに掲載されている絶滅危惧種、または準絶滅危惧種である（表3.1参照）。
　このような日本の固有種減少の要因は、ライフスタイルの変化、都市開発などがあるが、近年では外来種の侵入が大きな要因になっている。ペットとして飼いきれなくなった外来種の魚類や爬虫類、昆虫類を屋外に捨てることによって外来種が自然繁殖したり、日本の固有種を駆逐したりしている。さらに、最近では、スズメやオオムラサキといった生活に身近な鳥類やチョウ類の減少が顕著となっており、この原因として、里地里山の管理放棄の他、地球温暖化が影響しているといわれている[3]。
　さて、2014年6月に在来種であるニホンウナギ（日本周辺の海域に生息する固有種であると思われがちだが、実際には日本だけでなく東南アジアから日本近海までの広い範囲に生息している）がIUCN（国際自然保護連合）によってEN（絶滅危惧IB類）に指定された。
　ENとは、「近い将来における野生での絶滅の危険性が高い生物」と定義され、絶滅危惧種の3区分のうち危険度で真ん中に該当する。同じENに指定されている絶滅危惧種にはヤンバルクイナやアマミノクロウサギがある。ニホンウナギが減少した理由については、乱獲以外にも温暖化による海流の変化や海洋汚染、ダムやコンクリート護岸による環境変化があげられる。IUCNによって絶滅危惧種に指定されたとしても法的拘束力はないため、ニホンウナギを漁り続けることはできる。
　日本は世界で漁れるウナギの7割を消費しているため、日本の食文化に対する国際的な視線が厳しくなっている。また2014年11月には、太平洋クロマグロもIUCNからVU（絶滅危惧II類）に指定された。クロマグロの減少の背景にも日本人の大量消費が影響しており、今後保護対策などが求められ

る他、完全養殖などの技術も重要になってくる[4]。

12.3 増加する野生生物

夜店で買ったアカミミガメ（別名ミドリガメ：幼体）を川などに放ってしまった経験のある人は少なくないのではないだろうか。このカメの原産はアメリカであり、現在わが国の緊急対策外来種に指定されている。この他にも外国産のクワガタムシやカブトムシ、観賞用として飼われていた熱帯魚のグッピー、ペットとして飼われていたリスザルやフェレットなど、多くの外来種が国内に持ち込まれ、人間の身勝手で野に放ったことから自然繁殖してしまっている。そして、これらの外来種の増加が日本の固有種の数を減らす原因となっている。

日本では 2005 年に「外来生物法（特定外来生物による生態系等に係る被害の防止に関する法律）」が施行され、人や農林水産物に被害を与える恐れのある外来種を「特定外来生物」に指定し、許可なしに飼育や栽培、保管、持ち運びや輸入を禁じている。違反した個人は 3 年以下の懲役もしくは 300 万円以下の罰金、法人は 1 億円以下の罰金が科される。2024 年 7 月時点の特定外来生物に指定されている生物は、哺乳類（25 種類）、鳥類（7 種類）、爬虫類（22 種類）、両生類（18 種類）、魚類（26 種類）、クモ・サソリ類（7 種類）、甲殻類（6 種類）、昆虫類（27 種類）、軟体動物など（5 種類）、植物（19 種類）である[5]。

2010 年 10 月に名古屋で開催された生物多様性条約第 10 回締約国会議（COP10）において、「2020 年までに侵略的外来種とその定着経路を特定し、優先度の高い種を制御・根絶すること」などを掲げた「愛知目標」を採択した。さらに、2012 年 9 月に閣議決定された「生物多様性国家戦略 2012-2020」においては、愛知目標を踏まえて、防除の優先度の考え方を整理し、計画的な防除などを推進するとともに、各主体における外来種対策に関する行動や地域レベルでの自主的な取り組みを促すための行動計画を策定することを国別目標のひとつとした[6]。

表 12.1 総合的に対策が必要な外来種（総合対策外来種）中の緊急対策外来種の例

（出典：「我が国の生態系等に被害を及ぼすおそれのある外来種リスト」環境省から著者作成」）

分類群	和　名	定着段階	備　考
哺乳類	タイワンザル	定着初期／限定分布	特定外来
	アカゲザル	定着初期／限定分布	特定外来
	ノネコ（イエネコの野生化したもの）	分布拡大期〜まん延期	
	フイリマングース	定着初期／限定分布	特定外来
	アライグマ	分布拡大期〜まん延期	特定外来
	キョン	定着初期／限定分布	特定外来
	ノヤギ（ヤギの野生化したもの）	定着初期／限定分布	
	クリハラリス（タイワンリス）キタリス	分布拡大期〜まん延期	特定外来
	クマネズミ	定着初期／限定分布	特定外来
	ヌートリア	分布拡大期〜まん延期	
鳥類	インドクジャク	分布拡大期〜まん延期	
	カナダガン	分布拡大期〜まん延期	特定外来
爬虫類	カミツキガメ	分布拡大期〜まん延期	特定外来
	アカミミガメ	分布拡大期〜まん延期	特定外来
	グリーンアノール	分布拡大期〜まん延期	
	タイワンスジオ	小笠原・南西諸島にまん延	特定外来
	タイワンハブ	小笠原・南西諸島にまん延	特定外来
両生類	オオヒキガエル	小笠原・南西諸島にまん延	特定外来
魚類	チャネルキャットフィッシュ（アメリカナマズ）	小笠原・南西諸島にまん延	特定外来
	ブルーギル	分布拡大期〜まん延期	特定外来
	コクチバス	分布拡大期〜まん延期	特定外来
	オオクチバス	分布拡大期〜まん延期	特定外来
昆虫類	アルゼンチンアリ	分布拡大期〜まん延期	特定外来
	アカカミアリ	定着初期／限定分布	特定外来
	ツマアカスズメバチ	定着初期／限定分布	特定外来
陸生節足動物	ハイイロゴケグモ	分布拡大期〜まん延期	特定外来
	セアカゴケグモ	分布拡大期〜まん延期	特定外来
	クロゴケグモ	定着初期／限定分布	特定外来

　その結果、多くの侵略的外来種とその経路が特定されたが、すべての種と経路を網羅するには至らなかった。また、制御・根絶の優先度の高い外来種については、一部の地域での成功例はあったが、全体としては十分な進展が

みられなかった。愛知目標は生物多様性の保全に向けた重要なステップであったが、さらなる努力が必要とされている。そこで、この愛知目標の教訓を生かし、2022年12月に中国の昆明とカナダのモントリオールで開催された生物多様性条約第15回締約国会議（COP15）において「昆明・モントリオール生物多様性枠組」が採択され、「自然と共生する世界」を目指す長期的な目標となる「2050年ビジョン」や、2030年までに世界の陸と海の30%を保全する「30by30目標」などが取り決められた。

表12.1に2015年3月に公表された環境省が指定する総合的に対策が必要な外来種（総合対策外来種）のなかでも緊急対策外来種の例を示す。

このような外来種生物が増加するなかの2015年12月、特定外来生物のカナダガン（図12.2）の根絶に成功したという報道があった。カナダガンは北米原産の大型のガンでカモの一種である。わが国では観賞用に導入されたカナダガンが野外に定着し、異種間の交雑（近縁種であるシジュウカラガン（絶滅危惧IA類）などとの交雑）が確認されたことから、外来生物法に基づき特定外来生物に指定された。1985年に最初の2羽が確認され、2013年には約100羽まで増加した。

図12.2　国内で初めて完全駆除された外来種「カナダガン」
（出典：「特定外来生物カナダガンの国内根絶について」環境省）

このため、カナダガン調査グループ（日本野鳥の会などの有志メンバーで構成）が発足し、駆除活動が始まった。そして、2015年12月4日に最後の2羽を駆除し、国内初となる外来種の完全駆除に成功した。しかし、鳥類は広域的に移動し生息することが可能であるため、把握できていない個体が国内に生息している可能性がある。このため、日本野鳥の会などの協力によるモニタリングを実施しており、今後も継続されることとなっている[7]。

12.4 野生生物保護に向けた取り組み

1992年に開催された地球サミットで生物多様性条約の署名が始まり、わが国でもこれを実行するために、1995年「生物多様性国家戦略」が策定された。2012年には、2010年に開催された生物多様性条約第10回締約国会議（COP10）において採択された愛知目標の達成に向けた日本のロードマップを示すとともに、2011年3月に発生した東日本大震災を踏まえた今後の自然共生社会のあり方を示すため、「生物多様性国家戦略2012-2020」が閣議決定された。以下の5つ、①生物多様性を社会に浸透させる、②地域における人と自然との関係を見直し・再構築する、③森・里・川・海のつながりを確保する、④地球規模の視野をもって行動する、⑤科学的基盤を強化し、政策に結びつけることを基本戦略とした。

なお、わが国の野生生物保護の取り組みは「種の保存法（絶滅のおそれのある野生動植物の種の保存に関する法律）」「鳥獣保護法（鳥獣の保護及び管理並びに狩猟の適正化に関する法律）」「外来生物法（特定外来生物による生態系等に係る被害の防止に関する法律）」「カルタヘナ法（遺伝子組換え生物等の使用等の規制による生物の多様性の確保に関する法律）」によって推進されており、渡り鳥の保護などについては、条約、協定などにより国際協力を推進している。

また、このような国家戦略だけでなく、各自治体や団体レベルでも保護活動が推進されている。世界最大級のアオサンゴ群落（図12.3）で知られる沖縄県石垣島の白保地区で、地域の人びとが策定したサンゴ礁の海の保全利用協定が、2015年8月26日沖縄県知事の認定を受けた。

保全利用協定とは、環境に配慮した観光に取り組む事業者がフィールドである自然環境の「保全」と「持続可能な利用」を目的として策定する自主的なルールのことである。このように地域が定めたルールを守ることにより、自然保護を推進する例もある[8]。

図 12.3　地域が策定したルールで保護が推進されている沖縄のサンゴ

12.5　シカ被害対策

　地球温暖化やシカの天敵であったニホンオオカミの絶滅、そして人間のライフスタイルの変化（里山環境の変化、農林業の変化、狩猟者の減少・高齢化など）が影響し、近年、全国的にシカによる被害が後を絶たない。環境省自然環境局による全国のニホンジカの個体数推定および生息分布調査の結果によれば、令和元年度末における本州以南のニホンジカの個体数は、中央値で約 189 万頭（90%信用区間：約 142 万～260 万頭）と推定され、2014 年度をピークに減少傾向が継続していると考えられる。一方、1978 年度から

2018年度までの40年間で、ニホンジカの分布域は約2.7倍に拡大し、全国的にニホンジカの分布域が拡大していることがわかった[9]。

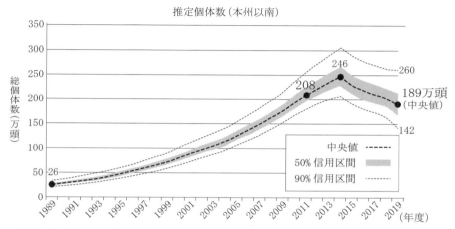

※令和元年度(2019年度)の自然増加率の推定値は、中央値1.19(90%信用区間：1.11-1.27)
※50%信用区間：168-214万頭、90%信用区間：142万頭-260万頭
※令和元年度(2019年度)の北海道の推定個体数は、約67万頭(北海道資料)

図12.4　ニホンジカ（本州以南）の個体数推定の結果
（出典：「全国のニホンジカ及びイノシシの個体数推定の結果について」環境省自然環境局から著者作成）

また、図12.5に示すように野生鳥獣による農作物被害額は、全体として減少傾向にあるが、近年、シカがトップとなっている。被害総額155億6,300万円のうち、シカによる被害総額は64億9,900万円と全体の約4割も占めている[10]。被害の形態はほとんどが食害であり、農業においては水稲、豆類、野菜類など、林業においては針葉樹の樹皮や新植苗、マツタケなどさまざまな農林産物が加害対象となっている（図12.6）。

また農林業被害だけでなく、地域によっては森林内の下層植生（草本類、ササなど）をエサとして食べ尽くされているところもあり、生物多様性の保全、希少植物の保全を図っていく観点から生態系被害としても問題視されている。

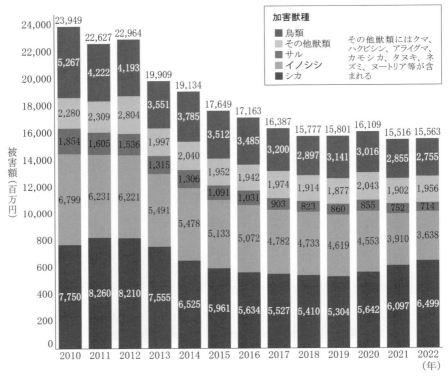

図 12.5　野生鳥獣による農作物被害額の推移

（出典：「全国の野生鳥獣による農作物被害状況について（令和 4 年度）」
農林水産省から著者作成）

　シカ頭数増加の問題を重くみた京都府では、生息数を適正な数（10,000〜17,000 頭）まで減らすため、積極的な捕獲に取り組んできた。とくに、2013年度から、狩猟捕獲に対する府独自の捕獲奨励金支給制度の創設や、被害防止捕獲に対する国交付金（鳥獣被害防止総合対策交付金）事業の活用により捕獲目標の達成を目指した。また、シカによる農林業被害を減少させるため、防護柵の設置やテープ巻きによる被害防除、農地周辺の刈り払い等による生息地管理を実施してきた。

図 12.6　シカの食害にあったスギ

　生息数を推定するためのシミュレーションをしたところ、京都府全体でのシカの生息数は、2020 年度で約 96,000 頭と推定され、既述の適正生息数よりもまだまだ多い状況である。しかし、2020 年度には捕獲数が 1998 年度以降で最多を記録し、オス・メス合計で過去最高の 25,066 頭（オス 10,063 頭、メス 15,003 頭）を捕獲することに成功した（目標値：オス 11,000 頭、メス 15,000 頭、合計 26,000 頭）。この捕獲ペースを継続した場合、2026 年には生息数を約 40,000 頭まで減少できると予測している。ただ、捕獲の増加にともない、捕獲個体の埋設処分が負担となっている。

　また、捕獲個体を大量に埋設することは環境へも負荷を与えてしまう。このため、捕獲されたシカを資源として有効に活用し、地域振興等に資するため、捕獲個体の食肉等としての利活用を推進することとしている[11]。

　このような観点から、少しでもシカ肉を有効利用するための研究が自治体

や企業、大学などで推進されている。和歌山県では 2008 年から「わかやまジビエ」として、衛生面での安全・安心を確保するため、衛生管理ガイドラインに基づき処理している施設を県が認証したり、学校給食へのジビエ料理を提供したりしている。

　滋賀県では COCO 壱番屋とのシカカレー販売、学校給食への提供なども行われている。また、京都光華女子大学の学生団体「京✿しかミーツ」では、地元右京区と連携した活動を基軸として、シカ肉料理の研究開発、開発した料理を地域イベントでの販売、料理教室の開催など幅広く活動してきた[12]（図 12.7）。その他、徳島文理大学短期大学部生活科学科食物専攻では、学生が考案したシカ肉料理が学食で提供されたり[13]、全国で唯一の飼育施設を持つ東京農業大学が学食でシカ肉カレーを提供したりしている[14]。

図 12.7　シカ肉料理を試作する学生

（出典：濵田明美先生（元　京都光華女子大学短期大学部）提供）

第13章

自動車業界の環境戦略

　わが国におけるすべての CO_2 排出量のうち、自動車などの運輸部門からの排出量は約18％にもなる。このため、もし自動車からの排出量を抑えることができれば、地球温暖化防止に大きく寄与することができる。このような背景から自動車業界は環境技術開発に重点を置き、現在はハイブリッドカーや電気自動車など、いわゆるエコカーが生産の主力となっている。

　この章では、CO_2 排出削減の大きな可能性を秘めている自動車業界に焦点を当て、この業界の動向や目指す循環型社会について言及する。

13.1　自動車業界の動向

　業界規模70兆円超、純利益7兆円超（2024年3月期決算）。これらの数値が示すとおり、日本の自動車メーカーは間違いなく日本経済の主力であるといえる。

　表13.1の世界の自動車生産台数メーカー別ランキング（2023年）を見ると、上位10社のなかに4つの日本企業が入っている。トヨタに関しては、2023年の世界での新車販売台数がグループ全体（ダイハツ工業と日野自動車を含む）で22年比7％増の1,123万台、トヨタ単体（トヨタ・レクサスブランド）では8％増の1,030万台だったと発表した。それぞれ過去最高で、単体で1,000万台を超えるのは初めてである。グループ合計、トヨタ単体ともにフォルクスワーゲングループ（ドイツ、約924万台）を上回り、4年連続で世界首位となった[1]。

第 13 章 自動車業界の環境戦略

表 13.1　世界の自動車生産台数　メーカー別ランキング（2023 年）

（出典：国際自動車工業連合会（OICA）データ等から著者作成）

順位	自動車メーカー	国名	生産台数
1 位	トヨタグループ	日本	1123 万台
2 位	フォルクスワーゲングループ	ドイツ	924 万台
3 位	ゼネラルモーターズ	アメリカ	619 万台
4 位	ステランティス	多国籍	618 万台
5 位	フォード	アメリカ	441 万台
6 位	韓国ヒョンデ	韓国	421 万台
7 位	ホンダ	日本	410 万台
8 位	日産自動車	日本	344 万台
9 位	スズキ	日本	316 万台
10 位	起亜自動車	韓国	308 万台

　また、自動車業界の特徴といえるのが図 13.1 と図 13.2 に示すように、業界の再編が頻繁に行われることである。トヨタは、日野、SUBARU、ダイハツなどに出資し、技術協力をするなど複数の企業を傘下に置いている（図 13.1）。世界的にみてもホンダとゼネラルモーターズ（アメリカ）が共同出資し、燃料電池開発の会社を設立している（図 13.2）。また、トヨタは BMW（ドイツ）と環境技術分野やスポーツ車などで協業し、中国においては、日本の主力自動車メーカーの多くが中国企業と業務提携している。

　このような業界再編が頻繁に行われている自動車業界だが、現在の再編の鍵となっているのが燃料電池などの環境技術である。現在の自動車業界が取り組むべき重要課題のひとつが環境問題だからだ。高度経済成長中のわが国で公害が問題になっていた頃、自動車からの排気ガスも問題視されるようになっていた。1970 年にカリフォルニアで、「1975 年から車の排出ガス中の有

害物質を現行の 10 分の 1 にする」というマスキー法が成立し、自動車の環境技術開発がスタートした。

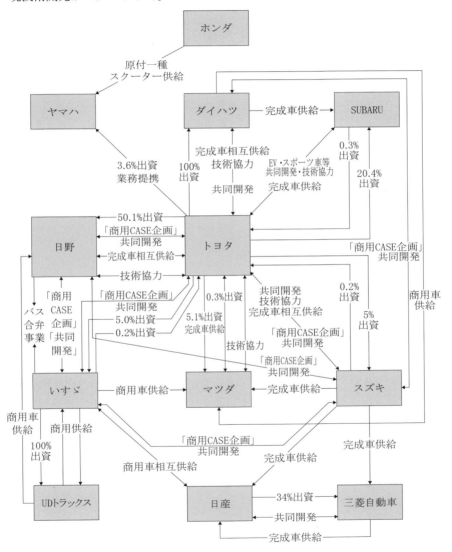

図 13.1　日本の自動車メーカーどうしの主要な資本・業務提携関係

（2024 年 3 月 31 日現在）（出典：日本自動車工業会資料から掲載）

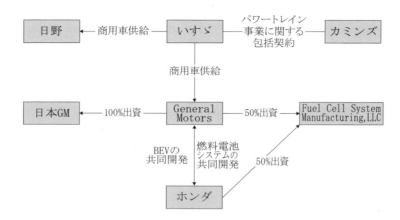

図 13.2　日本と欧米の自動車メーカーとの主要な資本・業務提携関係
（2024 年 3 月 31 日現在）（出典：日本自動車工業会資料から掲載）

　そして、以前より環境問題を重視していたホンダが 1972 年に、マスキー法をクリアする世界初の技術（CVCC エンジン）の開発に成功した。この技術が最初に搭載されたのがホンダのシビック CVCC であり、当時の全米で低燃費車第 1 位を獲得した。また 1973 年のオイルショックでは、この低燃費を特徴とするシビック CVCC が大活躍することとなった[2]。

　なお現在の市販車は、マスキー法以前と比べると自動車排出ガスは 1,000 分の 1 レベル以下に到達している。そして、現在でもこの環境技術開発は強力に推進され、各社がしのぎを削る状態が続いているのである。2024 年 12 月 18 日、ホンダと日産自動車（将来的には三菱自動車も）が経営統合に向けて協議をしていることが報道された。この背景には、米中新興メーカーの台頭で、電気自動車（EV）の競争が激化していることが理由のひとつにあげられている。

13.2　エコカーとは

　「エコカー」という言葉の厳密な定義はない。電気自動車やハイブリッドカーなどのようにガソリンのみで走る自動車ではないものが対象となる印象が

あるが、ガソリン車であっても低燃費かつ、低排出ガスであればエコカーであろう。すなわち、ガソリン消費量が少なく、CO_2排出量も少ない車のことをエコカーとよんでいいだろう。

このようなエコカーには、①ハイブリッドカー（HV）、②プラグインハイブリッドカー（PHV）、③電気自動車（EV）、④クリーンディーゼル車（CDV）、⑤燃料電池自動車（FCV）、などに大きく分類することができる。

ハイブリッドカー（HV）とは、通常のガソリンエンジンと電気モーターとのふたつの動力機構を合わせもつ自動車のことである。このモーターを動かす電気は、外部から供給されたものではなく、基本的にはガソリンエンジンが発電機を動かして発生させたものである。走行状況に合わせて、モーターのみ、エンジンのみ、またはそれらの両方を駆動させる。

プラグインハイブリッドカー（PHV）とは、ハイブリッドカーに家庭などの電源から充電可能にしたもので、電気走行の割合を高めたものである。その分、CO_2排出量を削減することができ、燃費も向上する。一般的にフル充電の状態で電気だけで走行できる距離はプラグインハイブリッドカーで50～100km程度である。しかし、ハイブリッドカーよりも大きなバッテリー容量を要する分、車体価格も高く設定されている。

電気自動車（EV）は、電気モーターだけで駆動する自動車のことである。電力は家庭などの電源から供給可能となっている。電気モーター以外の駆動源はないため、CO_2を一切排出しない（ゼロエミッション）という大きな特徴がある。フル充電で約200～500km程度走行可能である。

クリーンディーゼル車（CDV）とは、2009年の排出ガス規制に適合したディーゼル車の総称である。かつてのディーゼルエンジンから、触媒技術や燃焼技術を発展させ、環境への配慮と走行性能の向上を可能にした自動車のことである。ガソリンではなく軽油を燃料とするため、燃費が安いというメリットがあり、CO_2排出量もガソリン車に比べて少ない。国内販売台数は近年では鈍化がみられるが、2010年ごろから急激に上昇して現在では年間13万台程度販売されている。

燃料電池自動車（FCV）は、水素を原料として水の電気分解の逆反応によって発電し、電気モーターで走行する自動車である。水素ステーションなど

のインフラ整備に課題はあるが、電気自動車と同様に CO_2 を一切排出せず、走行距離は電気自動車よりも長く、燃料満タンの状態で800km程度走行可能である。表13.2にこれらのエコカーの特徴をまとめる。

表13.2 エコカーの特徴比較

項目	HV	PHV	EV	CDV	FCV
駆動系	モーター＋エンジン	モーター＋エンジン	モーター	ディーゼルエンジン	モーター
燃料	ガソリン電力	ガソリン電力	電力	軽油	水素
燃費	良い	とても良い	−	良い	−
CO_2排出	少ない	極めて少ない	排出しない	少ない	排出しない
航続距離	とても長い	長い	短い	とても長い	やや短い
価格	普通	やや高い	やや高い	普通	とても高い
取得税※	減税	非課税	非課税	減税	非課税

　さて、昨今、世界的に脱炭素化が急激に加速しているなかで注目される電気自動車（EV）や燃料電池車（FCV）の市場はどうなっているのだろうか。図13.3にヨーロッパと日本における燃料別自動車販売台数の構成比（2023年）を示す。日本における燃料別乗用車販売台数の構成比率はガソリン車が31.6%、ハイブリッド車（HV）が58.2%で、ガソリン車よりもHVが構成比ではトップとなり、ガソリン車とHV車だけで90%以上の販売比率という結果となった。EVやFCVの流通量はまだまだ少ない状況である。

　一方、フォルクスワーゲンの他、BMWやボルボ、メルセデスベンツなどの有力メーカーのあるヨーロッパでは、ガソリン車の割合が最も大きいものの、日本市場と比べて、EVやクリーンディーゼル（CDV）の販売数が多い

傾向にある。現在、ヨーロッパは 2035 年までにすべての新車をゼロエミッションとする方針を掲げており、「EV シフト」を強力に進めている。日本でも、2035 年までに乗用車の新車販売で電動車（EV、FCV、PHEV、HV）100%を目標にしており[3]、東京都でも 2030 年までに東京都内での乗用車の新車販売を 100%非ガソリン化するという目標も表明している[4]。

このように世界的に、環境問題解決の観点から EV にシフトする動きはあるが、燃料別にみて市場に大きな差がある背景には、それぞれの国にある自動車メーカーの戦略もあるようである。

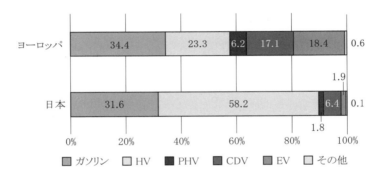

図 13.3　ヨーロッパと日本における燃料別自動車販売台数の構成比（2023 年）
（出典：ヨーロッパ自動車工業会および、日本自動車販売協会連合会資料から著者作成）

13.3　電気自動車は普及するのか?

実際に購入することができる身近な自動車で、CO_2 を一切排出せず燃費も抜群によいエコカーは電気自動車であろう。燃料電池自動車も市販され始めたが、価格やインフラ、納期などの問題から、電気自動車に比べると一般市民にはまだまだ現実味のないものである。また、電気自動車の電気は火力発電所などで発電される電気であったとしても、一般的なガソリン車と比較して CO_2 排出量は 5.7 分の 1、燃費は 5.5 分の 1 というデータもある[5]。

では、この電気自動車はどれほど普及しているのだろうか。日本における自動車保有台数は 2024 年 7 月時点で約 8,300 万台であり[6]、そのうち、電気

自動車（EV）の保有台数は約 22 万台である[7]。すなわち、電気自動車の普及率は 1%も満たない状況である。政府の目標としては、2020 年に 15〜20%、2030 年に 20〜30%であるから、目標とはかなり遠い現状である。そこで、少しでも普及率を上げるために経済産業省は、EV 充電スポットの整備を加速させ、現在の日本の EV 充電スポット数は 29,969 か所（2023 年 3 月末、経済産業省）で、ガソリンスタンド数の 6 割ほどにまで充実した。しかし、EV 充電スポットの急速な充実とは対照的に、電気自動車の普及率の不振が続いていることから、不振の原因が EV 充電スポットの不整備という単純な理由ではないことがわかる。なお、電気自動車の価格は通常のガソリン車よりもやや高めという程度であり、小型車であれば 300 万円以下で購入できるにも関わらず、普及率はまだまだ低いのである。

　そうなると、電気自動車の問題は、航続距離とそれに派生する新たな問題であると考えられる。現在の電気自動車は、フル充電で約 200km、あるいは 400〜500km 走行可能な車種に二分される。

　ここでは 200km 航続可能な車種について述べる。通常、街で走行する際には加減速や、重い荷物を乗せることもあるので、ここでは少し低めに見積もってフル充電の航続距離を 150km と仮定しよう。生活環境にもよるが、普段の生活で買い物に行ったり、通勤で使ったりする距離であれば、だいたい片道 20km から長くても 40km 程度である。休日に車で遠出をしたとしても 150km 走行可能なら、行って帰ってくるにはギリギリ大丈夫というところだろうか。もし、バッテリー切れになりかけたら、エアコンを消したり、カーナビなどのディスプレイの電源を落としたりして、電力をすべて走行に費やせばよい。

　次に、充電場所と充電時間の問題であるが、現在、専用充電器を設置した家庭、電気自動車を取り扱うほぼすべての正規ディーラー、市役所などの公的機関の一部、大型ショッピングモールなどの一部で充電することができる。通常の充電なら 6 時間程度でフル充電、急速充電の場合 30 分程度で約 7 割充電可能である。

　果たして、どのような状況であっても、この充電の 30 分を待つことはできるだろうか。出勤時の急いでいるとき、あるいは就業後の疲れているとき

に頻繁に 30 分待って充電することができるのだろうか。さらに、おそらく大丈夫であっても、もしかするとバッテリー切れの警告ランプが点灯し、上述のようにエアコンやカーナビなしで走行するときがくるのではないか、という心配を抱えて自動車という高価な買い物ができるのだろうか。たとえこれらの問題が事実を誇張したものであっても、そのイメージを払拭しない限り、電気自動車の普及率をアップすることはできないだろう。

13.4 燃料電池車（FCV）

　燃料電池自動車は、搭載した燃料電池で水素を燃料として電気を取り出し、モーターを駆動源として走る。3分程度の短時間の燃料充填で、800km 以上の走行が可能であるため、電気自動車よりも利便性は高いだろう。

　国内ではホンダが 1990 年代より開発を開始し、1999 年に燃料電池自動車試作機「FCX-V1」を公開した。そして、2002 年に燃料電池自動車「FCX」がアメリカ政府販売許可を世界で初めて取得し、日米両政府に納車された。その後、2008 年までに日米合計で約 20 台を納車した。しかし、燃料電池には高価な白金を使用していたため高コスト（1 台 1 億円以上）であったことや、水素ステーションなどのインフラ整備に多くの課題があった。このようななか、研究開発を進めていたトヨタが 2014 年 12 月に、量産型として世界初のセダン型燃料電池自動車「MIRAI」を販売開始した。現行モデルの自動車部品を共有化するなどしてコスト削減に成功し、現在では価格は約 800 万円、補助金や税金などの優遇処置により 650 万円程度で購入することができる。

　ところで、この燃料電池自動車の燃料となる水素については、現在、製鉄所の副生成物の他、ごみからのバイオマス、天然ガス・灯油・石油などの改質などから、地域にあった方法での供給が望ましいとされている。しかし、いまのインフラのままでは、もし日本国内の 7,000 万台以上あるすべての自動車が燃料電池自動車に替わると、そのすべてを動かすだけの水素は確保できない[8]。

　さらに、簡易型の水素ステーションを建設するにしても、建設自体には日

数を要しないが、国の認可が下りるまでには1年かかり、建設費用は1つのステーションにつき現在では約5億円もかかる（ガソリンスタンドの5倍の建設費）。このように水素ステーション設置はガソリンスタンドや電気スタンドの設置ほど簡単ではない。では、この水素も輸入に頼ることになるのだろうか。現在のわが国のエネルギー自給率は4%である。できることなら、国際情勢で価格が変動するようなものを未来の燃料にはしたくない。

13.5 自動車業界が目指す循環型社会

単なる計算機に過ぎなかったコンピュータが、インターネットに接続した瞬間、大容量の情報をやり取りするツールへと生まれ変わった。自動車も同様で、「走る・曲がる・止まる」の基本性能に「安全」と「環境技術」が付与され、最近では、お互いの自動車が通信し合い、道路情報をやり取りするようになってきた。また、一部の車種では車内付属のSOSボタンひとつでレスキュー隊が駆けつけ、モニターに向かって話しかけると運転手の行きたい場所をリクエストしてくれるようにもなった。

最近、環境負荷がきわめて少ない都市を「スマートシティ」または「サステナブルシティ」と称して話題になっている。これらの都市にはふたつの特徴がある。

ひとつ目がエネルギーのスマート化である。太陽光、風力、地熱といった再生可能エネルギーを積極的に導入し、それらのエネルギーの伝達を高度にIT化した電力網「スマートグリッド」と、蓄電池技術とを組み合わせて都市全体のエネルギーの高効率化を図るものである。

ふたつ目が都市交通のスマート化である。公共交通網とそれらを含む移動手段を、電気自動車や燃料電池自動車をはじめとする電動のモビリティに置き換えていくものである。現在、世界中でこのような新しい考えに基づいた都市実験が進められている。将来、化石エネルギーの消費が一切無くなり、各家庭の電力が太陽光発電所や風力発電所などからの再生可能エネルギーと、各家庭の太陽光発電、さらにこの太陽光発電から水素を作り出すなどして、完全にCO_2排出量をゼロにする社会が来るかもしれない。そして、もし各家

庭でエネルギーが完全に循環できるようになれば、この世から送電線もなくなるだろう。自動車業界はいま、このような究極の循環型社会を自動車だけでなく都市全体で考えているのである[9]。

13.6　F1カーは究極のエコカーなのか？

　技術の総合芸術ともいえるF1。現在のF1カーは、小型自動車程度のエンジン（1.6L）で時速350km以上のスピードを出すことができ、物理学の法則では考えられないようなスピードでコーナーを駆け抜けていく。一昔前のF1といえば、大排気量の大型エンジンにターボをつけて、爆音で滑走するイメージがあったと思う。

　しかし、2014年にF1の規則が大きく変更されてふたつのエネルギー回生システムが採用され、ハイブリッド車と同様に環境技術が導入された。ひとつは市販車にもよく装備されている「運動エネルギー回生システム（MGU-K）」であり、自動車を減速させるときに捨てていた運動エネルギーを電気に変換してモーターを動かすシステムである。また、もうひとつの「熱エネルギー回生システム（MGU-H）」は、エンジンから出る排気熱を電気エネルギーに変換して同じくモーターを動かすものである。

　現在、後者の回生システムは市販車には導入されていないF1だけの高度な革新技術となっている。なお、2013年まではエンジンを供給するメーカーは「エンジンサプライヤー」とよばれていたが、このように新たに2種類の回生システムがF1マシンの動力として採用されることになったため、エンジンと回生システムとを組み合わせたトータルシステムを供給する「パワーユニットサプライヤー」とよばれている。

　一般にF1全盛期といわれている1980年代後半から1990年代後半は、ターボエンジン全盛期ともよばれ、1,200馬力（現在は800~1,000馬力程度）を超える熾烈なパワー競争が繰り広げられた。しかし、現在のF1は環境配慮の規制も加わり（ある意味おとなしくなり）、かつ、パワーユニットが複雑になったため、観戦したり解説を聞いたりしても意味がわからないと嘆くファンは多くなっただろう。

しかし、あまり知られていないかもしれないが、F1で培われた革新技術が徐々に市販車に応用されていくことは珍しくない。もし、上記の熱エネルギー回生システムが市販車にも応用できるようになれば、現在よりさらにCO_2排出量が少なく燃費のよいエコカーが誕生する可能性も十分にある。F1はスピードレースの最高峰というだけではなく、最先端の環境技術を育む可能性のあるエコレースの最高峰と見ることもできるだろう[10]。

第14章

コンポスト技術と持続可能な農法

　近年、生ごみや落ち葉を使って堆肥を作る取り組みが、自治体から家庭まで幅広く実践されている。本来、捨てられるはずのものを燃やさずに堆肥として利用するため、ごみの削減や CO_2 排出削減などの観点から非常に環境に配慮した取り組みである。

　本章では、このような堆肥化技術に焦点を当て、最初に、自然界における有機物の循環と堆肥との関係について概観する。そして、生ごみや落ち葉を使った堆肥化技術について、具体的な事例を交えながら述べる。最後に、バイケミ農業の視点から、竹肥料の有効性について解説する。

14.1　自然界における有機物循環

　植物は太陽の光から有機物を作る。有機物は落ち葉や枯れ枝として地面に落ち、土の中の微生物によって分解されて土に還っていく。また、植物を食べる草食動物や、それらを餌とする肉食動物についても、その糞や死骸はいずれ土に還る。そして、土の中で分解された有機物は植物の栄養分となって、そこに生息している植物の成長を促す。自然界ではこのような有機物の循環を永遠と繰り返してきた。

　しかし、人間の手によって作られた畑は、このような有機物の循環は行われない。作物をよりよい状態で収穫するために、雑草を取り除き、作物自体も当然外に持ち出されるためである。このため、畑では人の手によって有機物を土に還元する作業が当然必要となる。

　堆肥とは、落ち葉や動物の糞などの有機物を微生物の力を借りて発酵させ

たものであり、有機物を効率的に土に還元する資材として昔から使われてきたものである。自然界では、その場にある有機物を循環させているのに対し、畑や花壇では、外に持ち出された有機物を、堆肥という資材を投入することによって外から持ってくる必要がある。

ホームセンターなどで売られている堆肥には、腐葉土・バーク堆肥・牛糞堆肥・鶏糞堆肥・生ごみ堆肥などがあり、これらは材料となる落ち葉や糞などの有機物を微生物によって分解（堆肥化）したものである。分解時間は季節や材料によって異なるが、1か月から半年以上までさまざまである。完熟した堆肥は黒々としており、悪臭はほとんどない。

植物の成長のために堆肥が絶対に必要というわけではないが、堆肥を入れない状態で植物を育て続けると、土がだんだんと硬くなり痩せていくことになる。堆肥の具体的な効果には、（1）品質の向上（物理特性の改善）、（2）収穫量の増加（化学特性の改善）、（3）生産の安定（生物特性の改善）、がある。

（1）**品質の向上（物理特性の改善）**：堆肥は土をふかふかの状態にし、水はけと通気性を良くする働きがある。植物はおもに根から水分や酸素を吸収する。土が細粒化している状態では、じめじめと湿ったままで酸欠の状態になってしまう。堆肥は土の団粒化を促し、水はけと水もちが良いという矛盾する性質を両立させ通気性もよくなることから、根は積極的に酸素を吸うことができ作物の品質も向上する。

（2）**収穫量の増加（化学特性の改善）**：植物の中に含まれる要素は50〜60種類あるといわれているが、植物が成長のために必要とされる要素（必須要素）は17種類ある。このうち、水素、酸素、炭素は水や空気から葉を通して吸収するが、他の要素はおもに土の中から根を通して吸収する。植物がとくに必要とする要素が、窒素、リン酸、カリ（カリウム）の三要素である。窒素は「葉肥」ともよばれており、おもに葉茎を成長させる。リン酸は「実肥」「花肥」ともよばれており、おもに花や実のつき、実留まりをよくする。カリは「根肥」といわれ、根を丈夫にし、病害虫への抵抗力を高めてくれる。三要素の次に必要となる要素（二次要素）が、カルシウム、マグネシウム、硫黄である。三要素と二次要素を合わせて「多量要

素」とよび、これ以外の要素は微量で足りるので「微量要素」とよばれている。表 14.1 にこれらの要素をまとめる。堆肥にはこれらの無機栄養分が豊富に含まれているため、収穫量の増加が期待できる。

表 14.1　植物が成長に必要とされる必須要素

元素記号		名　称	元素記号		名　称
H		水素	微量元素	B	ホウ素
C		炭素		Cu	銅
O		酸素		Mn	マンガン
多量元素	N	窒素		Zn	亜鉛
	P	リン		Fe	鉄
	K	カリウム		Mo	モリブデン
	Ca	カルシウム		Cl	塩素
	Mg	マグネシウム		Ni	ニッケル
	S	硫黄			

（3）**生産の安定（生物特性の改善）**：土 1g あたり 1 億以上もの微生物がいるといわれている。これらの微生物は大きく分けると「菌類（カビ）」「細菌（バクテリア）」「藻類」「原生動物」の 4 つに分類することができる。有機物の分解には、とくに菌類（カビ）と細菌（バクテリア）が活躍する。まず、菌類（カビ）が有機物をおおまかに分解し、さらに、酵母や乳酸菌などの細菌が、植物が吸収できる程度の大きさの養分にまで分解する。

また、堆肥を施すことにより、土の中に含まれる微生物もそれを餌にして繁殖し、これまでに蓄積されていた有機物の分解もさらに加速する。これを「プライミング効果（起爆効果）」という。

このように、堆肥により土の中の微生物が活性化するため、有害微生物と有効微生物との拮抗関係が構築され、連作障害が回避できることから、作物の安定した生産が可能になる[1]。

14.2 コンポストの歴史

　コンポストの英語の意味は、有機性廃棄物を腐植のような堆肥にすること（composting）、または堆肥そのもののことであるが、日本では短時間で作られた堆肥のこと、あるいは堆肥化（コンポスト）装置のことをよぶことがある[2]。ここでは、前者の有機性廃棄物から作られた堆肥のことをコンポストとよぶことにする。また、有機廃棄物の種類に合わせて、生ごみコンポスト、落ち葉コンポストと使い分けることにする。

　昔から日本では、畑に生ごみを撒いたり、焼却灰を散布したりするなどの、コンポスト利用の習慣があった。戦後になっても生ごみにプラスチックや金属などの混入が少なかった昭和30年代頃までは、都市部の生ごみがコンポストとして農村部で利用されることも多くあった。地理的に山が多く埋め立てる場所が少なく、高温多湿な風土をもつわが国では、減量化、衛生処理の観点から、昭和40年代に入ると生ごみは焼却処理されることが多くなっていく一方で、生ごみを市町村が機械を用いてコンポスト化して従来のように農村部に還元しようという動きも見られた。

　こうして昭和40年代〜50年代には、市町村の設置するコンポスト化施設が各地に見られるようになった。しかし、都市ごみ、とくに家庭系ごみを含んだコンポスト事業はそのほとんどが、混入物の問題、臭いの問題、農家の労力の問題に突き当たった。その結果、コンポストを作っても行き先がなく、結局は最終処分場に埋めざるを得ないなどの状況に陥り、撤退を余儀なくされた。

　その後は、農村地域の一部市町村を除き、コンポスト化を推進する動きは乏しかったが、近年になってバイオマス利用の観点から再び注目を集め、2000年の「食品リサイクル法」により、食品廃棄物の排出抑制と資源としての有効利用を推進することが定められて以来、各自治体や各種団体などでコンポスト事業が推進されるようになった[3]。次節以降に有機性廃棄物別のコンポストの作り方を簡単に説明する。

14.3　生ごみコンポスト

　ダンボールまたは、市販のプラスチック製コンポスト容器を準備する。このとき、2 基の容器を準備して、使用中・発酵中または、生ごみ堆肥用・腐葉土用と分けてもよい。プラスチック製のコンポスト容器は、放熱しやすく内部温度が下がってしまうため、発酵の進みが遅いので、生ごみの水分は事前に天日で 1 日干すなどして取り除いておいたほうがよりよい。

　基本的には、図 14.1 に示すように、土（最初はピートモスとモミガラ燻炭を混ぜたものでもよい）と生ごみを交互にサンドイッチ状に入れていき、発酵を促すために米ヌカを入れるとよい。容器は、水はけがよく、日当たりの良い場所に設置し、均一に発酵が進むように 1 か月に 1 回程度、撹拌と切り返しをする。生ごみの原形が無くなり、腐臭がしなく土に近い臭いがするようになったら完成である。

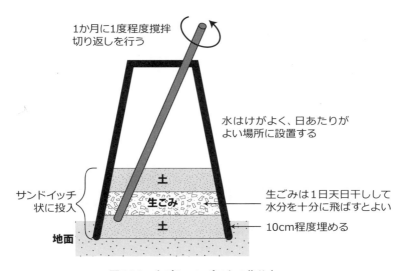

図 14.1　生ごみコンポストの作り方

　未成熟のコンポストを使用すると、病原菌となる糸状菌（カビ）や害虫の卵などの影響で、根が幼虫に食べられたり、微生物が窒素を奪って窒素欠乏

状態になったりする恐れがある。このため、作付けの少なくとも1か月前にコンポストを施して、土の中で十分に有機物を分解させておく必要がある。完熟コンポストのおもな見分け方としては、色が濃い、手で掴むとさらさらして水分が出ないなどが目安となる[4]。

京都教育大学環境教育実践センターには、「環境教育有機物リサイクルシステム」という設備がある（図14.2）。この設備は、学生寮の食堂から生じる生ごみをはじめ、栽培した植物の残渣、除去した雑草、剪定した枝を粉砕したものなどの有機物を発酵させて、48時間で堆肥化するものである。さらにこれをペレット状にすることもできる。毎日70kgほどの生ごみなどを投入してできた堆肥は同センター内の栽培学習園に撒かれるほか、一般に販売もされている。

図14.2　京都教育大学環境教育実践センター内に設置されている「環境教育有機物リサイクルシステム」
（出典：京都教育大学南山泰宏先生提供）

14.4 ミミズを使った生ごみコンポスト

　生ごみをミミズが食べることによってコンポスト化することもできる。ミミズコンポストでは、酸素が行き渡った状態で生ごみを腐らせ、その腐った生ごみをミミズが食べるので臭いはほとんど出ないという特徴がある。ミミズは、土を掘ると見つかるような一般的なミミズではなく、ここではシマミミズ（体長5〜10cm程度と小さめ）を用いる。釣具店や、最近ではインターネットなどでコンポスト用のミミズとして購入することができる。ミミズの体重は約0.4gであり、体重の半分の生ごみを食べてコンポスト化する。

　すなわち、1日500gの生ごみが出ると仮定した場合、2,500匹のミミズがいれば1日ですべてを処理することができる計算になる。莫大な量のミミズだと思うかもしれないが、ミミズは繁殖力が強く、半年で5倍程度繁殖することもあるため、最初は少なめで始めても問題ない。ミミズを入れる箱については、ミミズの数と箱の大きさの関係よりも、処理したい生ごみの量によって決めるとよい。仮に 90×60×30cm で容量約 160ℓ の容器であれば、1週間で約3kg（4〜6人分）の生ごみを処理することができる。

　組み立ては簡単で、側面2面に4つの通気穴（直径2.5cm）を開けておき、箱状に組み立てるだけである。なお、ミミズは光を嫌う性質があるため、この通気穴から逃げることはない。箱の中には水で湿らせた新聞紙や木屑などの詰め物を敷き詰め、さらに土をある程度まで加える。最後に、生ごみと詰め物の混合物を投入し、黒いシートなどで箱を覆うとよい。ミミズとコンポストの分離の仕方には色々あるが、ミミズの光を嫌う性質を使う方法や、新しい餌（詰め物と生ごみの混合物）を箱の片方に寄せて投入し、ミミズを餌の方向へ誘導する方法などがある[5]。

14.5 落ち葉コンポスト

　落ち葉コンポストは、ビニール袋やネット、ストッキングなどでも作ることができるが、ここでは、木枠を使ったコンポスト容器を作成する。縦×横×高さが各60cm程度の木枠を作成する。容積が200ℓとなり、これで約40kg

のコンポストができる計算になる。

まず、木枠の中に落ち葉をいっぱいになるまで入れる。水をかけながら押し固め、落ち葉の高さが3分の1程度になったら米ヌカを入れ、その後、落ち葉と米ヌカを交互に入れていく。発酵で温度が上がってきたら2週間から1か月に1回のペースで切り返す。また、雨により窒素やカリが流れ出るのを防ぐため、ビニールシートなどを被せておく。葉の原形がなくなる程度分解が進んだら、落ち葉コンポストの完成である（図 14.3）。

図 14.3 落ち葉コンポストの作り方

前節の生ごみコンポストや落ち葉コンポストなど、コンポストの原料によって含有成分が異なるため、育てる植物によって使い分ける必要がある。一般に、落ち葉コンポストや腐葉土、バーク堆肥などの窒素分が少なく繊維質が多いものは、肥料効果が少なく土壌改質効果が大きいため、成長が短い植物に向いている。一方、家畜糞堆肥や生ごみコンポストのように窒素分が多いものは、肥料効果が大きく土壌改質効果が小さいため、成長が早く草丈も大きくなる植物に向いている。表 14.2 に各堆肥の成分を示す[4]。

表 14.2 各堆肥(コンポスト)のおもな含有成分

(出典:「イラスト 基本からわかる土と肥料の作り方・使い方」後藤逸男監修(2012) 光の家協会から筆者作成)

種類	含有成分の割合(%)			特徴・用途
	窒素	リン酸	カリ	
腐葉土	0.3〜1.0	0.1〜1.0	0.2〜1.5	窒素分が少なく繊維質が多い。肥料効果が少なく、土壌改質効果が大きいため、成長が短い作物に向いている。
バーク堆肥	0.8〜3.0	0.2〜2.0	0.3〜1.0	
落ち葉コンポスト	1.5〜2.0	0.1〜1.0	0.2〜2.0	
牛糞堆肥	2.0〜2.5	1.0〜5.0	1.0〜2.5	窒素分が多い。肥料効果が大きく、土壌改質効果が小さいため、成長が早く草丈も大きくなる植物に向いている。
鶏糞堆肥	3.0〜5.0	5.0〜9.0	3.0〜4.0	
生ごみコンポスト	3.5〜3.7	1.4〜1.5	1.0〜1.1	

14.6 バイケミ農業の観点からの竹肥料

　ここで、堆肥(コンポスト)と肥料の違いについて説明しておく。これまで述べてきた堆肥は、植物の葉や動物の糞などを微生物の力である程度まで分解したもので、デンプンやタンパク質の有機物が窒素、リン酸、カリの他、微量元素まで分解されたものをいう。堆肥に含まれるこれらの成分は、実際には有機物のまま残っていることも多く、微生物のさらなる分解によって、植物が根から吸収することができる無機成分となる。堆肥は植物のためのものというよりも、土壌を改質するためのものである。

　一方、肥料は植物のために与えるものであり、窒素、リン酸、カリといった植物が直接吸収できるものが主成分である。これから説明する竹は、堆肥よりも肥料としての役割が大きいものである。

　竹は、表皮が硬いケイ酸質でできているため、そのまま粉砕しても肥料にはならない。また、豊富なデンプンが微生物の餌になり竹繊維が棲家になり

そうだが、リグニンという成分が強固なため、そもそも微生物を寄せ付けない。竹を含めて植物の細胞壁は、いかなる地域、種類の植物であっても構成組織は、セルロース、ヘミセルロース、リグニンの三成分でできている。植物の種類による違いは構成比率と結合分子量の数だけである。

　竹が強固な理由は、これらの三成分が鉄筋コンクリート壁のような構造になっているからである。光合成でブドウ糖（グルコース）が生成されると、セルロースとヘミセルロースが一次代謝で生成され、ブドウ糖が線状に結合した繊維状高分子のミクロフィブリル（セルロースが束になったもの）で細胞壁の繊維構造を構成する。そして、ヘミセルロースがミクロフィブリルを結び付けている。その隙間に二次代謝で生成されたリグニンが、網目状の鉄筋支柱（鉄筋がセルロース、鉄筋を結ぶ針金がヘミセルロース）に生コンを流し込むかのように隙間を充填している。このような強固な構造をもつ竹は自然界では簡単に分解されないのである。

　したがって、竹を肥料として使うためには、細胞壁のリグニンによる強固な構造を破壊し、さらに中にあるセルロース、ヘミセルロース、デンプン（ブドウ糖がらせん状に結合したもの）を同時にむき出しにできれば、微生物が一斉に分解にかかることができる。そこで、削ったり、砕いたりといった通常の処理ではなく、すりつぶし、加圧・加熱した状態から一気に減圧して爆砕し、繊維をほどくことができる「植繊機」を使うのである。

　植繊機を考案したのは橋本清文という農家である。彼は日本農業の伝統である「刈敷（山野や畔などに生える草木の茎や葉を、刈ってそのまま田畑に敷き込んで地中で腐らせることで堆肥とする方法、もしくはそれに使われた草木のこと）」や「地表面施肥（耕地の表面に肥料を施肥するだけで、耕して土壌と混合することをしない方法）」に基づく「自然の草に学ぶ農業」を基本とし、「農業が本来よりどころにすべきは生物化学（バイオケミカル）である」という持説から、現在の一般的な農業と区別して「バイケミ農業」とよんだ。

　このような竹肥料を、土壌の表面に植物の根元を避けて散布した結果、桃の糖度が上がった、米の食味値（米に含まれる成分を測定し、米のおいしさを総合的に評価した値）が上がった、ほうれん草の硝酸イオン値がEUの高い基準をクリアしたなどの報告がなされている[6]。

第15章

環境教育とSDGs

　環境問題が地域の公害から始まり、地球規模にまで至ってしまった理由のひとつに、環境教育が十分に行われていなかったという背景があろう。持続可能な開発目標（SDGs）の達成には、環境教育が不可欠である。実際に、現在でも世界中でかつての日本のように公害物質を垂れ流して生活を送っている国や地域がたくさんあり、ここで生活する大部分の人びとは、日々の生活に追われて環境教育を十分に受けていない。このままの生活を続けると、日本と同じ公害の歴史をたどることは想像に難くない。

　このため、日本や先進諸国は過去の過ちから学んだことを世界に広める責任があり、SDGsの目標4（質の高い教育をみんなに）や目標13（気候変動に具体的な対策を）を達成するためにも、これから世界で活躍する若い世代に対して環境教育を積極的に推進することは、持続可能な地球環境を構築していくうえできわめて重要である。

　この最終章では、読者自身が環境に配慮した生活を送る、あるいは未来の子どもたちに環境問題のことを教えられるように、筆者が勤務する大学における実践的環境教育とSDGsの取り組み事例を紹介する。

15.1　宗教精神と環境教育

　筆者が勤務する京都光華女子大学（法人名、光華女子学園）は、東本願寺の故大谷智子裏方（昭和天皇妃・香淳皇后の妹君）の「仏教精神に基づく女

子教育の場」との願いによって設立された真宗大谷派の宗門関係学園である。校訓を「真実心」と掲げ、教育の基本を仏教、なかでも親鸞聖人が明らかにされた浄土真宗の教え、すなわち「生かされ生きていることの自覚」による人間形成に重きを置いている。校訓である「真実心（しんじつしん）」は、仏の心であって慈悲の心、おもいやりの心を意味すると同時に、真（まこと）を見つめる心でもある。

ところで、2004年にノーベル平和賞を受賞したケニア出身の環境保護活動家であるワンガリ・マータイ氏が世に広めた「もったいない（MOTTAINAI）運動」であるが、この「もったい（勿体）」は元来、仏教由来の用語である。「勿体ない」は、もともと「不都合である」、「かたじけない」などの意味で使用されていた。現在では、それらから転じて、一般的に物の価値を十分に生かしきれておらず無駄になっている状態や、そのような状態にしてしまう行為を戒める意味で使用されている。また、同じく仏教用語である「無我（むが）」は、現在では、「無我夢中」のように「我を忘れる」という意味で用いられているが、本来は「自分は自然界の中のひとつの構成要素にすぎない」という意味である。少し飛躍になるかもしれないが、「無我」は「人間はあらゆるものから切り離しては存在できない」という意味にとらえることができる。そして人間は、自然をコントロールするのではなく、「自然に生かされている」という、まさに浄土真宗の教えである「生かされ生きていることの自覚」こそが、われわれ人類が失いかけているものではないだろうか。

光華女子学園ではこの仏教精神に基づき、幼稚園から大学までの一貫教育を行い、その学齢に相応しい環境教育を展開している。また、2023年4月に地域連携推進センターの内部組織として環境教育推進室を発足させ、学園全体としてエコキャンパスの創造に取り組むと同時に環境問題を正しく認識し、持続可能な社会の構築に貢献できる人材の育成を進めている。

15.2　環境教育カリキュラムの充実

現在、環境問題は一人ひとりが"わがこと"として考えなければならない深刻な状況にある。この人類共通の問題は京都光華女子大学の建学の精神「真実心＝おもいやりの心、慈悲の心」にも深く関わってくる。このような状況

から、2010年4月に同大学短期大学部で環境学をより生活に近い観点から学ぶ分野「エコロジーフィールド」が誕生した。

表15.1　科目「地域と環境（環境問題）」のシラバス

授業テーマ	環境破壊に至った経緯と、現在の状況を正しく理解し、持続可能な社会の在り方を提案できる。
授業概要	自然界と人類の営みの矛盾から生じた環境問題を学ぶために、この授業ではまず、世界に衝撃を与えた事例（温暖化、砂漠化、生物多様性の崩壊など）を写真や映像等を使いながら提示する。次に、このような環境問題が起こった歴史的経緯を学ぶと同時に、このままの状況が続くことによる未来の環境影響を考察する。さらに、地域、特に国土全域がホットスポットに指定されている日本の環境問題（森林崩壊、ごみ問題、固有種の絶滅など）に焦点を当て、その環境の歴史と現状を理解する。環境問題を「わがこと」として捉え、未来の自分と私たちの子孫のために、地球環境に対して正しい行動をとるための基本となる知識と考え方を習得することを目的とする。
到達目標	1. 環境問題の現状について理解している 2. 環境問題が起こった経緯を理解している 3. 人類がめざすべき循環型社会について、正しい知識をもとに論じることができる
授業計画	1. ガイダンス－この授業の進め方や評価方法など－ 　　授業内容や成績基準について説明する 2. すべての生き物のための地球 　　地球と生命の誕生プロセスについて解説する 3. 地球温暖化は起こっているのか？ 　　温暖化のメカニズムと直近の平均気温の推移を概観する 4. 平均気温の上昇を2℃以下に抑える意味 　　パリ協定での目標と目標達成できない状況を理解する 5. 環境問題の被害者は弱い生き物 　　IUCNのレッドリストをもとに理解する 6. 絶滅の連鎖 　　種が絶滅する5つの原因と絶滅連鎖のしくみを学ぶ 7. 島が沈んでゆく 　　キリバスやツバル等の太平洋島嶼国の状況について学ぶ 8. 砂漠化－黄砂とPM2.5－ 　　砂漠化の現状を学び、緑化活動の具体例をみる 9. 有害物質－人工毒と自然毒－ 　　身近な毒物について、事件や事故例を見ながら学ぶ 10. 俳句と作文を通じて環境問題を考える 　　KOKAエコアワードにチャレンジするエコ作品を考える 11. 環境ホルモンがあなたの命を脅かす 　　身近な環境ホルモンについて理解する 12. リサイクルは誰の責任なのか？ 　　拡大生産者責任と汚染者負担原則の概念を学ぶ 13. 環境マネジメントシステム（EMS） 　　ISO14001のEMSの特徴をつかむ 14. 生物多様性ホットスポット 　　トーマンマイヤーズによって提唱されたホットスポットについて学ぶ 15. 京都の環境問題 　　京都に焦点を当てて、都市部と山間部における環境問題を学ぶ

この分野は、「地球温暖化」「環境生態学」など多くの科目郡から構成され、現在では、リベラルアーツ教育科目「地域と環境」（短大科目「環境問題」）として集約され、オンデマンドで短大・大学のすべての学生が受講できるようになっている。表15.1に同科目のシラバス（概要、到達目標、授業計画など）を示す。

15.3　屋上庭園「HIKARU−COURT」

　屋上庭園「HIKARU-COURT」は、"屋上に居ることを忘れさせる庭園"をコンセプトに景観との調和、環境保全や生態系にも配慮した四季折々の趣を楽しむことのできる、京都の大学では初となる屋上庭園である。この屋上庭園は、新エネルギー・産業技術開発機構（NEDO）の地域地球温暖化防止支援事業に採択され、2005年3月に本学建物の屋上に誕生した。現在では、環境関連の授業の教材として利用されている他、学生や教職員の憩いの場としても利用されている。

図15.1　学生による屋上庭園「HIKARU-COURT」のメンテナンス

「HIKARU-COURT」は、京都の街並みが見渡せる庭園で、季節ごとに咲く花々やハーブの香りに囲まれて、読書や自習、友人との団らんや食事を楽しむことのできるスポットである。そしてこの屋上庭園は、京都光華女子大学の職員や環境学を学ぶ学生が中心になってメンテナンスをしている（図15.1）[1]。また、学内にあるビオトープのメンテナンスも学生が定期的に実施している。さらに、草刈で集めた雑草はコンポストにして利用している。

15.4 学生による小学生への環境教育

現在、多くの小学校で緑のカーテンや花壇の整備などの緑化活動が推進されている。小学生にとっては楽しい緑化活動かもしれないが、なぜ緑化が必要なのか？緑化をすればどのようなメリットがあるのか？という疑問に正確に答えられる児童は少ないだろう。

京都光華女子大学では、このような小学生に緑化活動の実践と同時に地球の現状や緑化の意味を学んでもらうことにより、環境配慮の心（エコマインド）を萌芽させることを目的として、大学周辺の小学校と児童館9校、計700名以上の児童に学生が中心となって環境問題に関する授業を実施した。具体的には、図15.2に示すように、小学校低学年には環境問題に関する絵本の朗読、高学年にはスライドを使った環境授業、そして全学年を対象に緑化活動の支援を実施した[2]。

このような取り組みの結果、単なる緑化活動の楽しさのみならず、緑化活動の重要性を教えることができ、小学生に環境教育を行った学生にとっても貴重な経験となっている。なお、これらの活動は財団法人国際花と緑の博覧会記念協会採択事業として実施された。学生が財団や行政から助成を受けて事業を始めるという方法は、このような環境教育をゼロからスタートさせるときの特徴のひとつでもある。

186　第15章　環境教育とSDGs

(a) 学生による環境に関する絵本の読み聞かせ

(b) 学生による緑化活動支援

図 15.2　学生による小学生への環境教育

15.5 学生による街頭ごみ容器の分別率向上

　ごみの排出量を減らし、循環型社会を構築するためには、ごみをごみとして排出するのではなく、徹底した分別によりごみを資源としてリサイクルすることが課題となる。そこでこの課題を解決するため、京都光華女子大学の学生、右京区行政、右京区民、京都市環境政策局などが密に連携して、該当ごみ容器の新規デザイン（現状のピクトグラムを一新）によるごみ分別率向上に取り組んだ。

　その結果、ごみ箱のデザインを一新し、さらに分別をうながす表示をごみ投入口横や天井部分に設置することで、京都嵐山に設置されている街頭ごみ容器については、最大15%の分別率向上を確認した。この結果は、新たに作成したごみ箱のデザインが、ごみの排出者に環境配慮の心をもたらし、ごみ分別率を向上させた要因のひとつであることを示唆している[3]。

　さらに、これらの分別率向上の実績から、京都市内の観光地に設置されている339基の街頭ごみ容器に新しいピクトグラムを適用し、長期間の検証を行っている。なお、これらの活動は、右京区まちづくり支援制度採択事業として、右京区の助成により実施された（図15.3）。

図15.3　街頭ごみ容器の分別率の現地調査をする学生

15.6 駅前広場の開発

　京都光華女子大学の最寄り駅である阪急西京極駅前には、昭和40年代後半から緑地帯があり、環境と景観の保全を担ってきた。この緑地帯には、巨大なケヤキが9本そびえ立っており、これまで近隣住民の手によって管理されてきた。しかし、以前より地域住民から、ケヤキの落ち葉や鳥の糞の始末をこれ以上は面倒をみるのはとても大変で、この緑地帯をもっと地域の憩いの場として有効利用したいとの意見があがってきていた。

　そこで、2013年度から右京区役所主導のもと、駅前緑地帯の再整備事業「チーム西京極」がスタートすることになった。この事業では、本学学生や地域住民の他、警察、交通局、土木事務所、近隣企業などが参加し、駅前広場の理想の姿について検討を行った。これまで、何度もワークショップを開催し、地域が目指す駅前広場の姿について話し合ってきた（図15.4）。「ウッドデッキを設置するなら腐らないような材質を使おう」「ここにはバス停、ここには花時計、ここには花壇を作ろう」「花の管理基準をきちんと決めないと！」などのさまざまな意見が出され、これらの意見から模型を作成し、より具体的な議論が展開された。

図 15.4　学生や地域住民、行政職員らで駅前広場のコンセプトを検討する様子

一方、ここでは伐採されたケヤキの行方については検討されておらず、このままでは廃棄処分となってしまう予定だった。そこで、本学の学生が中心となって、伐採したケヤキの有効利用について検討し地域と協力して、伐採したケヤキを利用したベンチ、椅子、掲示板などの木製製品を作成・設置することになった（図15.5）。なお、このケヤキの有効利用事業については、大学コンソーシアム京都の学まちコラボ事業に採択され、京都市のバックアップのもと推進された。

図15.5　伐採したケヤキでベンチや看板を作成する学生

そして、2015年6月に駅前広場が完成した（図15.6）。現在では、広場内に設置された花壇を使って、年に2回の花の寄せ植えをし、学生と地域の方が協力して花壇の手入れを行っている。大学と地域が連携した駅前広場の建設は、夢を描く楽しい部分もあるが、さまざまな調整業務や意見が対立する厳しい場面も多々ある。しかし、これらの楽しさと苦労を重ねることによって学生が成長することも、この事業の狙いである[4]。

第 15 章　環境教育と SDGs

(a) ケヤキを伐採する前の駅前広場　　(b) 完成した駅前広場

(c) ケヤキで作成した看板　　(d) ケヤキで作成したベンチ

図 15.6　ケヤキ伐採前の駅前広場(a)と、完成した駅前広場(b)およびケヤキで作成した看板(c)とベンチ(d)

15.7　VRを用いた環境・防災教育

　2020年から4年間『リケジョ育成のためのプログラミング教育と実験的学び〜環境と防災をテーマとして〜』(科学技術振興機構（JST）の女子中高生の理系進路選択支援プログラム）において、Society5.0時代の次世代人材育成の観点から、環境と防災をテーマとした探究学習を通じて、中高生を理系的発想へとつなぐSTEAM教育を展開してきており、支援終了後も新体制で事業を推進している。

しかし、この間、新型コロナウイルスの感染拡大により、フィールドワーク等のリアルな環境学習が実施できない状況が幾度もあった。そこで、2022年3月に、京都大学フィールド科学教育研究センターと協力して、VR（Virtual Reality：仮想空間）を使ったオンラインフィールドワークを実施した。

その結果、参加者の理解度は、座学だけの場合よりも高い傾向にあり、フィールドワークと比較しても遜色ない結果が得られた。このような経緯から、VR技術をいかに高等学校における探究学習に効果的に導入できるかが、先の読めない教育環境において重要になると考えた。

そこで、遠方のため普段なかなか行くこのできない大自然を360度カメラで撮影したり、教室で大地震が発生したときの状況や日中の気温が50℃を超えるような状況が続いた場合などをCGで作成するなどで、複数のVR動画を完成させた。これにより、受講者は想像力を働かせ、より一層、環境問題を意識したり、災害に備えたりすることができるだろう[5, 6]。

図15.7　VR専用ゴーグルを着けて大自然を散策する受講者

（撮影：京都大学芦生研究林）

15.8 環境教育とSDGs

2015年9月の数日間、世界の指導者たちがニューヨークの国連本部に集まり、2030年に向けた新しい地球規模の開発目標を採択した。これがSDGs（Sustainable Development Goals：持続可能な開発目標）であり、「誰一人取り残さない」をスローガンとして、われわれ人類が理想とする姿（17のゴール）を描いている（図15.8）。

図15.8　SDGs（持続可能な開発目標）の17のゴール

しかし、これまで詳しく述べてきたように、平均気温は上昇し続け、今なお紛争や貧困に苦しむ国や地域が存在する。世界は前進どころか後退しているようにも見える。SDGsの前進となるMDGs（ミレニアム開発目標）では、2015年までに世界の貧困率を半減させる目標を達成したとされるが、これは中国やインドなどの新興国の経済成長によるものと推察される。

この達成の一方で、環境問題に拍車をかけたと言っても過言ではない。このような世界情勢のなか、SDGs達成のために現代に生きる私たちがいまで

きることは何だろうか[7]。

　現代の経済社会は、そもそも私利を追求する人間観により組み立てられ、そこには利他的人間観は存在しない。したがって経済効率を最優先にして「できるか、できないか」で人の価値をも決めてしまう。世界には何らかの障害をもった方々が全人口の15％も存在するが、あらゆる人々が社会の構成員として支えあうとともに、なによりも不殺生や非暴力を尊重する社会でなければならない。人びとは真の幸福を追求するためにも、誰一人も見捨てないインクルーシブな社会を目指さなければならない[8]。

　いま、地球環境の悪化に歯止めがかからず、将来の見通しが立たないところまできてしまっている。もしかすると、もう間に合わないかもしれない。しかし、それでも持続可能な社会への挑戦を止めてはいけない。私たちの未来は、私たちの手の中にある。

　一人ひとりの小さな行動が、大きな変化を生み出す力をもっている。再生可能エネルギーの利用、プラスチックの削減、そして自然環境の保護に向けたすべての取り組みは、決して無駄ではない。私たちがいま、立ち上がり行動することで、次の世代に美しい地球を引き継ぐことができるのである。

地域連携推進センター (CRC : Center for Regional Collaboration)

学園が立地する京都市を中心とした地域と連携し、地域のリアルな課題解決を通じて学ぶ学生への教育と、この解決による地域貢献をめざし、2013年4月に開設。

■ 右京区大学地域連携に関する協定の締結

2011年、地域コミュニティの活性化を図るとともに、右京区の更なる発展を目指すため、本学を含む地域ゆかりの7大学・短期大学との間で、それぞれの持つ人材や知識、情報、施設などの資源を活用して相互に連携・協力を行う協定を締結しました。

■ 地域イベントへの参画

右京区民ふれあいフェスティバル(右京区)や竹の径・かぐやの夕べ(向日市)などに、学科、学生サークル、学生有志団体などが特徴を生かしたブースを毎年出店しています。薬膳料理や子育て支援ブースなど内容は多岐に渡ります。

■ 公開講座の開催

本学教員の専門知識や研究成果を広く一般に公開し、地域の方々に生涯学習の場を提供することを目的として、公開講座を開催しています。会場は本学の他、東京や金沢、福井などでも開催し、卒業後、遠方に住まれている方も参加しやすくなっています。

■ 学生対象助成事業の採択

「右京区まちづくり支援制度」や「学まちコラボ事業」などの学生活動を対象とした助成事業に学生自らが応募し、毎年複数の団体が採択されえいます。活動は、地域活性化や社会問題を解決するものまで幅広い内容となっています。

■ 科目「産官学連携プロジェクト」

地域の団体と連携しながらプロジェクトを推進する過程で、地域貢献と同時に、学生は考える力やチームで働く力といった社会人としての基礎力を養成すると同時に、現場での実践力を養います。これまでの連携先は大手企業や地元の商店街など多岐に渡ります。

地域連携活動 × SDG

持続可能な開発目標(SDGs) 2030年に向けた国際目標で残さないというSDGsの理念教育といった建学の精神に通じさまざまな取り組みを行い、

図 15.9 光華女子学園の SDGs

(出典:学校法人光華女子学園 80 周年記念誌)

環境教育推進室 (EEO : Environmental Education Office)

学園全体としてエコキャンパスの創造と、幼稚園から大学・大学院までの学齢に合わせた環境教育、および、これらの教育を通じた地域の環境問題解決を目的として、CRC内に同時期に開設。

■ 幼稚園

命の大切さを食から学ぶ「食育」。園庭では、さまざまな季節の野菜や果物を園児自らが栽培し、収穫後に調理します。その他、廃材を使った工作や、ごみの分別回収などの環境教育・環境活動を展開しています。

■ 小学校

校庭に設置したビオトープ（全国ビオトープコンクール部賞）を使った自然学習や、毎年の桂川河川敷清掃活動など、学内外で環境教育を実施しています。この功績から、2011年に京都環境賞を受賞するなど、学外からも高い評価を得ています。

環境教育・環境活動 × SUSTAINABLE DEVELOPMENT GOALS

は、17のゴールから構成されたす。地球上の誰一人として取りは、慈悲の心・摂取不捨・女子じています。光華女子学園でSDGsの実現を目指します。

■ 中学校・高等学校

サイエンス・パートナーシップ・プログラム(SPP)に採択され、大学と連携した授業など、理科教育の観点から環境問題に取り組んでいます。二枚貝を使った水質浄化に関する取り組みは、『マリンチャレンジプログラム2018』に選出されました。

■ 大学・大学院・短期大学部

北部キャンパス5号館屋上に設置された屋上庭園「HIKARU-KOURT」は、今では学園エコキャンパスのシンボルとなっています。また、環境ボランティアサークル「グリーンキーパー」の活動は、京都市長感謝状を複数回受賞するなど、極めて高い外部評価をいただいております。

■ KOKAエコアワード

創立70周年を記念して設立されたKOKAエコアワードは、本学園で学ぶ幼稚園児から学生、教職員、保護者等を対象として、エコに関する川柳や作文等の作品を募集し、優秀作品を表彰する制度です。80周年からは募集対象をすべてのステークホルダーとして、さらなる拡大を目指します。

参考文献

第1章

1) American Museum of Natural History, NATIONAL SURVEY REVEALS BIODIVERSITY CRISIS – SCIENTIFIC EXPERTS BELIEVE WE ARE IN MIDST OF FASTEST MASS EXTINCTION IN EARTH'S HISTORY, http://web.archive.org/web/20070607101209/http://www.amnh.org/museum/press/feature/biofact.html, 2023年7月閲覧.

2) The Sinking Ark: A New Look at the Problem of Disappearing Species, Myers, N., Pergamon Press, New York, 1979, p. 240.

3) On the Origin of Species by Means of Natural Selection, or the Preservation of Favored Races in the Struggle for Life, CHARLES DARWIN, JOHN MURRY, 1859.

4) 建学の精神と自校史, 一郷正道 著, 京都光華女子大学学長講話資料, 2015.

第2章

1) The Global Methane Budget 2000-2017, Marielle Saunois *et al.*, Earth System Science Data, 12(3), 2020, pp. 1561-1623.

2) IPCC報告書AR6発表「2035年までに世界全体で60%削減必要」, WWFジャパン, https://www.wwf.or.jp/activities/activity/5274.html, 2023年7月閲覧.

3) CO2 Emissions in 2022, International Energy Agency (IEA), 2023, pp.5-8.

4) 東北大学大学院理学研究科大気海洋変動観測研究センター物質循環分野, http://caos.sakura.ne.jp/tgr/research/icecore, 2023年7月閲覧.

5) Atmospheric CO_2 variations over the last three glacial-interglacial climatic cycles deduced from the Dome Fuji deep ice core, Antarctica using a wet extraction technique, Kawamura K. *et al.*, Tellus B, 55, 2003, pp.126-137.

6) Homogeneous climate variability across East Antarctica over the past three glacial cycles, Watanabe O. *et al.*, Nature, 422, 2003, pp. 509-512.

7) An observation-based method for reconstructing ocean surface changes using a 340,000-year deuterium excess record from the Dome Fuji ice core, Uemura R. *et al.*, Antarctica, Geophys. Res. Lett., 31, 2004, doi:10.1029/2004GL019954.

8) Sea-level and deep water temperature changes derived from benthic foraminifera isotopic records, Waelbroeck C. *et al.*, Quat. Sci. Rev., 21, 2002, pp. 295-305.

9) IPCC AR6 WG1 報告書 政策決定者向け要約（SPM）暫定訳, 気象庁, 2022.

10) 読売新聞, 温暖化新枠組み 採択へ COP21「パリ協定」最終案提示, 2015 年 12 月 13 日.

11) エネルギー白書 第 2 節諸外国における脱炭素化の動向, 資源エネルギー庁, 2011, pp. 35-39.

12) 夏の振り返りと 2024 年秋後半の天候、秋冬の消費活動, 日本気象協会, https://weather-jwa.jp/news/topics/post3504, 2024 年 10 月 21 日 閲覧.

第 3 章

1) Convention on Biological Diversity, https://www.cbd.int/, 2023 年 8 月閲覧.

2) THE IUCN RED LIST OF THREATENED DPECIES, IUCN, https://www.iucnredlist.org/, 2024 年 8 月閲覧.

3) 環境省レッドリスト 2020 の公表について, 環境省, https://www.env.go.jp/press/107905.html, 2023 年 8 月閲覧.

4) 消えゆく野生生物たち, 子どもの科学編集部 編, 成文堂新光社, 2014, pp.18-19.

5) Guns, germs, and trees determine density and distribution of gorillas and chimpanzees in Western Equatorial Africa, Samantha Strindberg *et al.*, Science Advances, 4(4), 2018, DOI: 10.1126/sciadv.aar2964.

6) 西アフリカのゴリラ, 従来推計より多く生息か 絶滅危機は変わらず, AFP BB News, https://www.afpbb.com/articles/-/3172596, 2023 年 8 月閲覧.

7) 京都市動物園における人工哺育ニシゴリラ（*Gorilla gorilla*）乳児の早期群れ復帰事例, 長尾充徳ら 著, 霊長類研究, 2014, Primate Res. DOI: 10.2354/psj.30.017.

8) 年間 20,000 頭以上．密漁で命を落としているゾウたちを守りたい., WWF, https://www.wwf.or.jp/campaign/speciallp/elephant/, 2023 年 8 月閲覧.

9) 日本経済新聞, 象牙 8.8 トンを押収　シンガポールで過去最大量, https://www.nikkei.com/article/DGXMZO47755120V20C19A7CR0000/, 2023 年 8 月閲覧.

10) Fasting season length sets temporal limits for global polar bear persistence, Péter

K. Molnár *et al.*, Nature Climate Change, 10, 2020, pp. 732-738.

11) WWF Japan, 北極圏の環境汚染 有害化学物質の吹き溜まり,
https://www.wwf.or.jp/activities/wildlife/cat1014/cat1050/, 2023年8月閲覧.

12) ビオトープブック, 小杉山晃一 著, 学報社, 2009, pp.10-19.

13) 日本獣医学会, 霊長類フォーラム, 人獣共通感染症（第168回）, SARSコロナウイルスとエボラウイルスの自然宿主, 2005年3月12日,
http://www.jsvetsci.jp/05_byouki/prion/pf168.html, 2023年8月閲覧.

14) Fruit bats as reservoirs of Ebola virus, Eric M. Leroy *et al.*, Nature, 438, 2005, pp. 575-576.

15) 動物を飼育する方向けQ＆A, 厚生労働省,
https://www.mhlw.go.jp/stf/seisakunitsuite/bunya/kenkou_iryou/doubutsu_qa_00001.html, 2023年8月閲覧.

16) Coronavirus disease (COVID-19) pandemic, WHO,
https://www.who.int/emergencies/diseases/novel-coronavirus-2019, 2024年8月閲覧.

17) Plant-Animal Mutualism: Coevolution with Dodo Leads to Near Extinction of Plant, STANLEY A. TEMPLE, Science, 197(4306), 1977, pp. 885-886.

18) 平成8年度版環境白書, 環境省 編, 第1節 生物多様性と人間の生活, 1996,
https://www.env.go.jp/policy/hakusyo/h08/index.html, 2023年8月閲覧.

19) 平成25年度版環境白書, 環境省 編, 2013, pp. 142-143.

第4章

1)海面水温の長期変化傾向（全球平均）, 気象庁,
https://www.data.jma.go.jp/gmd/kaiyou/data/shindan/a_1/glb_warm/glb_warm.html, 2024年9月閲覧.

2) 図解雑学 地球温暖化のしくみ, 江守正多 監修, 寺門和夫 著, ナツメ社, 2008, pp.24-25.

3) オーストラリア政府機関, ツバルで75mmの海面上昇を報告, 特定非営利活動法人 Tuvalu Overview, https://www.tuvalu-overview.tv/blog/news/370/, 2023年8月閲覧.

4) 海面上昇で国が水没する？南太平洋のツバルやキリバス, THE PAGE,

https://headlines.yahoo.co.jp/hl?a=20140226-00000003-wordleaf-asia&p=1, 2023 年 9 月閲覧.

5) 国家消滅の危機に直面する島国ツバル, 大和総研コラム,
https://www.dir.co.jp/library/column/050825.html, 2023 年 9 月閲覧.

6) キリバスという国 Kiribati My Heart, 助安博之, ケンタロオノ 著, エイト社, 2009, p.154.

7) 太平洋の楽園とごみ問題, 大洋州地域廃棄物管理改善支援プロジェクト 天野史郎 著, 外務省 ODA メールマガジン第 209 号, 2011.

8) 国際協力機構（JICA）による開発途上国における廃棄物管理分野への支援　第 51 回：大洋州地域における廃棄物管理改善支援 J-PRISM フェーズ 2 からフェーズ 3 へ, 前島幸司 著, 環境技術会誌 (191), 2023, pp. 160-164.

第 5 章

1) Climate Risk Profile: Sahel, Julia Tomalka *et al.*, UNHCR, 2022, pp. 1-20.

2) TICAD8：サヘル地域の平和と安定に向けた、人間の安全保障の構築, JICA,
https://www.jica.go.jp/TICAD/approach/special_report/20221007_01.html, 2024 年 9 月 6 日閲覧.

3) 国際的な砂漠化対処, 環境省,
https://www.env.go.jp/nature/shinrin/sabaku/index_1_2.html, 2024 年 9 月 6 日閲覧.

4) 乾燥地の自然と緑化－砂漠化地域の生態系修復に向けて－, 吉川賢・山中典和・大手信人 編著, 共立出版, 2004, pp.127-160.

5) 砂漠化ってなんだろう, 根元正之 著, 岩波ジュニア新書, 2007, pp.77-78.

6) 中国砂漠与砂漠化, 王涛 編, 河北科学技術出版社, 2003, p.955.

7) 気象庁（2005）異常気象レポート, 2005, p.277.

8) 黄砂第 2 版, 環境省 編, 2008, p.8.

9) 読売新聞, 大気汚染 焦る習政権, 2015 年 12 月 10 日.

10) メキシコ沙漠における野菜栽培実験-1-空中水分利用による野菜栽培, 遠山柾雄・竹内芳親・松添直隆・白石真一 著, 砂丘研究, 33(1), 1986, pp.9-23.

11) 豪雨で砂漠が緑地に変わる？ 中国・新疆で相次ぐ豪雨, AFP BB News,
https://www.afpbb.com/articles/-/3364690, 2024 年 9 月 6 日閲覧.

12) NPO法人日本沙漠緑化実践協会, 概要, https://tie-up.promo/projects/ad12eaf5-1c7e-4759-b652-160cc6292269, 2024年9月7日閲覧.
13) さばく第50号, NPO法人日本沙漠緑化実践協会, 2013, p.18.

第6章
1) テキストブック 環境と公害 経済至上主義から命を育む経済へ, 泉留雄・三俣学・室田武・和田喜彦 著, 日本評論社, 2007, pp. 30-41.
2) 企業の環境学習とは？〜私たちは公害から何を学ぶのか〜, 清水万由子 著, 京都西ロータリークラブ主催産学連携環境サミット発表資料, 2015.
3) 環境・エネルギー・健康 20講 これだけは知ってほしい科学の知識, 今中利信・廣瀬良樹 著, 化学同人, 2000, pp. 138-140.
4) 環境・エネルギー・健康 20講 これだけは知ってほしい科学の知識, 今中利信・廣瀬良樹 著, 化学同人, 2000, pp. 148-150.

第7章
1) 2050年の世界の廃棄物発生量の推計は320億トン〜最新のGDP、人口、廃棄物関連データを使用し推定値を更新し、2020年改訂版として公開〜, プレスリリース資料, 株式会社廃棄物工学研究所, 2020.
2) ごみとリサイクル, 安井至 著, ポプラ社, 2006, p.24.
3) 夢の島：公害からみた日本研究, N. ハドル・M. ライシュ・N. スティスキン 著；本間義人・黒岩徹 訳, サイマル出版会, 1975.
4) 世界の石油消費量 国別ランキング・推移, GLOBAL NOTE, https://www.globalnote.jp/post-3202.html, 2024年9月9日閲覧.
5) 大江戸リサイクル事情, 石川英輔 著, 講談社, 1994, p.262.
6) 大江戸リサイクル事情, 石川英輔 著, 講談社, 1994, p.263.
7) 大江戸リサイクル事情, 石川英輔 著, 講談社, 1994, p.266.
8) 大江戸リサイクル事情, 石川英輔 著, 講談社, 1994, p.267.
9) 明治日本のごみ対策 汚物掃除法はどのようにして成立したか, 溝入茂 著, リサイクル文化社, 1997, pp.6-10.

10) 拡大生産者責任の考え方－トーマス・リングヴィスト博士（スウェーデン ルンド大学国際環境生産経済研究所准教授）に聞く，東條なお子 著，千葉大学 公共研究第3巻第1号, 2006, pp.207-222.

11) 京都市情報館，令和5年度のごみ量，
https://www.city.kyoto.lg.jp/kankyo/page/0000326920.html, 2024年9月9日 閲覧．

12) 京・資源めぐるプラン（京都市循環型社会推進基本計画2021-2030），京都市．

第8章

1) プラスチックの市場動向－その恩恵と負の遺産－，高野拓樹 著，環境技術，49(6), 2020, pp. 316-320.

2) 環境政策の変遷，勝田悟 著，中央経済社，2019, p.181.

3) Plastics - the fast Facts 2023, Plastics Europe, 2023.

4) World Survey on Textiles & Nonwovens, The Fiber Year; the Fiber Year 2019, ITA & the Fiber Year GmbH, 2019, p.4.

5) The World Counts; Number of plastic bags produced,
https://www.theworldcounts.com/challenges/planet-earth/waste/plastic-bags-used-per-year, 2023年7月7日閲覧．

6) Global Perspectives & Solutions; RETHINKING SINGLE-USE PLASTICS - Responding to a Sea Change in Consumer Behavior, Citi GPS, 2018, p.63.

7) Production, use, and fate of all plastics ever made, Roland Geyer1, Jenna R. Jambeck and Kara Lavender Law, Science Advances, 3(7), 2017, pp.1-5.

8) The New Plastics Economy Rethinking the future of plastics, World Economic Forum, 2016, p.34.

9) 日本経済新聞，レジ袋有料化、コンビニも対象　環境省が素案提示，
https://www.nikkei.com/article/DGXMZO36683740Z11C18A0EA2000/, 2023年7月7日閲覧．

10) PETボトルリサイクル年次報告書 2019, PETボトルリサイクル推進協議，2019, p.2.

11) SINGLE-USE PLASTICS: A Roadmap for Sustainability, United Nations Environment Program (UNEP), 2018, p.90.

12) プラスチック製品の生産・廃棄・再資源化・処理処分の状況, 一般社団法人プラスチック循環利用協会, 2023.

13) 脱プラスチックへの挑戦 持続可能な地球と世界ビジネスの潮流, 賢達京子 著, 山と渓谷社, 2020, p.293.

14) Plastic waste inputs from land into the ocean, Jenna R. Jambeck, Roland Geyer, Chris Wilcox, Theodore R. Siegler, Miriam Perryman, Anthony Andrady, Ramani Narayan, Kara Lavender Law, Science, 347, 2015, p.768-771.

15) : Microplastic fragments and microbeads in digestive tracts of planktivorous fish from urban coastal waters, Tanaka, K. and Takada, H., Scientific Reports, 6, 2016, 34351.

16)「人の血液からプラスチック微粒子 有害添加物を国内初検出、農工大」, 共同通信, 2024年3月20日.

17) 琵琶湖・大阪湾におけるマイクロプラスチックへのペルフルオロ化合物類および多環芳香族炭化水素類の吸着特性, 鍋谷佳希, 田中周平, 鈴木裕識, 雪岡聖, 藤井滋穂, 高田秀重 著, 土木学会論文集G（環境）, 73(7), 2017, p.Ⅲ_1-Ⅲ_8.

18) : Microplastics and synthetic particles ingested by deep-sea amphipods in six of the deepest marine ecosystems on Earth, A. J. Jamieson, L. S. R. Brooks, W. D. K. Reid, S. B. Piertney, B. E. Narayanaswamy and T. D. Linley ROYAL SOCIETY OPEN SCIENCE, 6, 2019, 180667.

19) Abundance of non-conservative microplastics in the upper ocean from 1957 to 2066, Atsuhiko Isobe, Shinsuke Iwasaki, Keiichi Uchida & Tadashi Tokai, Nature Communications, 2019, 10.1038/s41467-019-08316-9.

20)「プラスチック資源循環戦略」のポイントと留意点, 枝廣淳子 著, https://news.yahoo.co.jp/byline/edahirojunko/20190620-00130663/, 2020年8月21日閲覧.

21)「おもちゃリサイクル2019」で回収したおもちゃは約340万個, 日本マクドナルド, https://www.mcdonalds.co.jp/company/news/2020/0212a/, 2020年8月21日閲覧.

22) 脱プラスチックへの挑戦 持続可能な地球と世界ビジネスの潮流, 賢達京子 著, 山と渓谷社, 2020, p.293.

23) BRANDED Vol Ⅱ Identifying the World's Top Corporate Plastics Polluters, Break Free From Plastic（BFFP）, 2019, p.72.

第9章

1) 図解でわかるISO14001のすべて，大浜庄司 著，日本実業出版社，2005, pp.26-41.
2) ISO14001の規格と審査がこれ1冊でしっかりわかる教科書，福西義晴 著，技術評論社, 2019, pp.80-88.
3) 日経BP「第4回ESGブランド調査」トヨタが4年連続で首位、2位はサントリー, https://www.nikkeibp.co.jp/atcl/newsrelease/corp/20231006/, 2024年9月21日閲覧.
4) ISO14001の規格と審査がこれ1冊でしっかりわかる教科書，福西義晴 著，技術評論社, 2019, pp.102-124.
5) ISO14001の規格と審査がこれ1冊でしっかりわかる教科書，福西義晴 著，技術評論社, 2019, pp.126-142.
6) 余った制作資材を譲り合う「リユースステーション」をデザイン学部4年生が制作。京都精華大学キャンパス内5カ所に設置, PRTIMES, https://prtimes.jp/main/html/rd/p/000000015.000011014.html, 2024年9月21日閲覧.
7) ISO14001の認証返上について，信州大学, https://www.shinshu-u.ac.jp/environment/works/archive/2016/09/iso14001-1.html, 2024年9月21日閲覧.
8) ISO14001認証の返上と環境活動自己宣言について，名古屋産業大学, ISO14001認証の返上と環境活動自己宣言について, 2024年9月21日閲覧.
9) エコアクション21認証・登録制度の実施状況（2024年8月末現在), エコアクション21中央事務局, https://www.ea21.jp/files/ninsho_search/ninsho.pdf, 2024年9月21日閲覧.
10) KESとは, NPO法人KES環境機構, http://www.keskyoto.org/kesinfo/, 2015年12月閲覧.
11) KES環境マネジメントシステム創立10周年記念誌, KES代表理事挨拶, p.1.

12) 登録件数データ, NPO法人KES環境機構, http://www.keskyoto.org/about/registration.html, 2024年9月21日閲覧.

第10章
1) 令和5年度エネルギーに関する年次報告 （エネルギー白書2024）, 経済産業省エネルギー庁, 2024, p.126-140.
2) 読売新聞, 温暖化対応も前進 安定供給、料金抑制へ, 2015年8月12日.
3) 読売新聞, 高浜原発再稼働認めず, 「新基準 緩やか過ぎ」, 2015年4月15日.
4) 読売新聞, 川内原発 差し止め却下, 2015年4月24日.
5) 読売新聞, 関電 美浜再稼働へ本腰, 2015年12月2日.
6) A new Silicon p-n Junction Photocell for Converting Solar Radiation into Electrical Power, D. M. Chapin, C. S. Fuller, G. L. Pearson, J. Appl. Phys. 25, 1954, p.676.
7) 史上最強カラー図解 プロが教える太陽電池のすべてがわかる本, 太和田善久 監修, ナツメ社, 2011, p.10-61.
8) 太陽電池はどのように発明され、成長したのか, 桑野幸徳 著, 日本太陽エネルギー学会 編, オーム社, 2011, p.5-31.
9) On Electric Effects under the Influence of Solar Radiation, E. Becquerel, Compt. Rend, 1989, p.9561.
10) The Advent of Mesoscopic Solar Cells, M. Grätzel, International Symposium on Innovative Solar Cells 2009, Tokyo, Japan.
11) Sequential deposition as a route to high-performance perovskite-sensitized solar cells, J. Burschka, N. Pellet, S. J. Moon, R. H.Baker, P. Gao, M. K. Nazeeruddin and M. Grätzel, Nature, 2013, 499, pp.316-319.
12) 世界初、変換効率が30％に迫る、曲げられる太陽電池を開発 －新構造の薄型シリコン太陽電池にペロブスカイト太陽電池を積層－, 東京都市大学, https://www.tcu.ac.jp/news/all/20230919-53175/, 2023年10月9日閲覧.

第11章
1) 令和元年度 森林・林業白書, 林野庁, 2020, p.55
2) 森林の有する多面的機能について, 林野庁,

https://www.rinya.maff.go.jp/j/keikaku/tamenteki/#gaiyou, 2024 年 10 月 10 日閲覧.
3) フォレストサポーターズ 豊かな森林の役割,
http://mori-zukuri.jp/foresapo/yutaka, 2015 年 12 月 14 日閲覧.
4) 令和 5 年度 森林・林業白書, 林野庁, 2024, p. 38.
5) 平成 25 年度 森林・林業白書, 林野庁, 2013, pp.24-29.
6) 日本林業を立て直す 速水林業の挑戦, 速水亨 著, 日本経済新聞出版社, 2012, p.114-118.
7) 平成 25 年度 森林・林業白書, 林野庁, 2013, p.33.
8) 現代に生かす竹資源, 内村悦三 著, 創森社, 2009, pp.16-21.
9) 竹林と環境, 徳永陽子・荒木光 著, 京都教育大学環境教育年報第 15 号, 2007, pp.99-123.
10) 竹 徹底活用術, 農山漁村文化協会 編, 農分協, 2012, p.20-23.
11) エコツーリズム, 環境省, http://www.env.go.jp/nature/ecotourism/try-ecotourism/index.html, 2024 年 10 月 12 日閲覧.
12) 第 19 回エコツーリズム大賞, 環境省・NPO 法人日本エコツーリズム協会, 2024, p.1.

第 12 章

1) Earth's Biologically Richest and Most Endangered Terrestrial, Ecoregions, R. A. Mittermeier, C. G. Mittermeier, N. Myers, Hotspots: Graphic Arts Center Publishing Company, 2005.
2) コンサベーション・インターナショナル・ジャパン, 生物多様性ホットスポット,
http://www.conservation.org/global/japan/priority_areas/hotspots/Pages/overview.aspx, 2024 年 10 月 12 日閲覧.
3) 読売新聞, スズメなど鳥 16 種 急減, 2024 年 10 月 2 日.
4) 日本経済新聞, クロマグロ 絶滅危惧種に指定, 2014 年 11 月 17 日.
5) 日本の外来生物対策, 環境省,
https://www.env.go.jp/nature/intro/2outline/list.html , 2024 年 10 月 12 日閲覧.
6) 環境白書・循環型社会白書・生物多様性白書 令和 3 年度版, 環境省, 2021,

pp.147-154.

7) 環境省 報道発表資料, 特定外来生物カナダガンの国内根絶について,
https://www.env.go.jp/press/101789.html, 2024 年 10 月 12 日閲覧.

8) WWF 白保サンゴ礁地区保全利用協定を沖縄県知事が認定,
https://www.wwf.or.jp/activities/2015/11/1289304.html, 2024 年 10 月 12 日閲覧.

9) 全国のニホンジカ及びイノシシの個体数推定の結果について, 環境省自然環境局, 2021, p.2.

10) 全国の野生鳥獣による農作物被害状況について（令和 4 年度）, 農林水産省, https://www.maff.go.jp/j/seisan/tyozyu/higai/hogai_zyoukyou/index.html, 2024 年 10 月 16 日閲覧.

11) 第二種特定鳥獣管理計画－ニホンジカ－第 6 期（令和 4 年 4 月 1 日から令和 9 年 3 月 31 日まで）, 京都府, 2022.

12) 女子大生による鹿肉普及活動の試み, 濵田明美・髙野拓樹・芝茜 著, 京都光華女子大学短期大学部研究紀要第 52 集, 2014, pp.33-39.

13) 学生考案シカ肉料理・学食で提供（シカ肉シチュー・シカ肉ボール）, 徳島文理大学, https://www.bunri-u.ac.jp/info/2024011100021/, 2024 年 10 月 16 日閲覧.

14) 全国で唯一の飼育施設を持つ東京農業大学、学食で「エゾシカキーマカレー」を提供　～北の大地で害獣とされ駆除対象の「エゾシカ」、命を大切に活用することを肝に銘じて～, 東京農業大学, https://www.nodai.ac.jp/news/article/30362/, 2024 年 10 月 16 日閲覧.

第 13 章

1) 日本経済新聞, トヨタ 23 年世界販売、単体で初の 1000 万台超　過去最高, https://www.nikkei.com/article/DGXZQOFD24CS40U4A120C2000000/?msockid=063054c3e0956754306e41c3e122668b, 2024 年 10 月 16 日閲覧.

2) 本田技研工業 75 年史, 第Ⅲ章 独創の技術・製品,
https://global.honda/jp/guide/history-digest/75years-history/, 2024 年 10 月 17 日閲覧.

3) 2050 年カーボンニュートラルに伴うグリーン成長戦略　自動車・蓄電池産業, 経済産業省, 2021.

4) ゼロエミッション東京戦略 2020 Update & Report, 東京都環境局, 2021, pp.10-31.
5) エコカー激突！－次世代エコカー競争開発の真実－, 館内端 著, 技術評論社, 2009, p.205.
6) 自動車検査登録情報協会, 自動車保有台数, https://www.airia.or.jp/publish/statistics/number.html, 2024年10月18日閲覧.
7) 次世代自動車振興センター, EV等保有台数統計, https://www.cev-pc.or.jp/tokei/hoyuudaisu.html, 2024年10月18日閲覧.
8) エコカー世界大戦争の勝者は誰だ？, 桃田健史 著, ダイヤモンド社, 2009, p.95.
9) 図解 次世代自動車ビジネス早わかり, デトロイト トーマツ コンサルティング株式会社 自動車セクター 著, 中経出版, 2010, pp.158-167.
10) 革新技術への挑戦－F1パワーユニットを知る－, Honda Racing, http://www.honda.co.jp/F1/spcontents2014/powerunit/02/, 2024年10月18日閲覧.

第14章
1) イラスト 基本からわかる堆肥の作り方・使い方, 後藤逸男 監修, 家の光協会, 2012, p.12-37.
2) 環境辞典, 日本科学者会議 編, 旬報社, 2008, p.396.
3) 平成20年版環境・循環型社会白書, 環境省 編, 2008, p.77.
4) イラスト 基本からわかる堆肥の作り方・使い方, 後藤逸男 監修, 家の光協会, 2012, p.56-69.
5) だれでもできるミミズで生ごみリサイクル, メアリー・アッペルホフ 著, 佐原みどり 訳, 合同出版, 1999, p.24-76.
6) 竹肥料農法－バイケミ農業の実際, 橋本清文・高木康之 著, 農文協, はじめに〜p.30.

第15章
1) 光華女子学園環境報告書 平成26年度版, 光華女子学園, 2014.
2) Practical Environmental Education on Kyoto Koka Women's College Department of Contemporary Life Design －3rd Report, Environmental Education for Elementally

School Students by Women's College Students—, Hiroki Takano, Hideyuki Oshima, Chie Isomichi, Fumiko Mimasa, BULLETIN OF KYOTO KOKA WOMEN'S COLLEGE, 49, 2011, pp.101-109.

3) 街頭ごみ容器の分別率に対するピクトグラムの効果－京都市を事例として－, 高野拓樹 著, 人間と環境, 44(2), 2018, pp.2-9.

4) 光華女子学園環境報告書 平成27年度版, 光華女子学園, 2015.

5) VR技術を導入した探究型環境・防災学習の提案, 高野拓樹 著, 日本環境学会第50回研究発表会予稿集, 2024, pp.56-57.

6) 探究型環境・防災学習のためのVR動画の制作, 高野拓樹, 松原久 著, 日本教育工学会2024年秋季全国大会講演論文集, 2024, pp. 759-760.

7) 光華女子学園阿部敏行学園長巻頭言「光華ビジョン 2030×SDGs」光華女子学園環境報告書 令和元年度版, 光華女子学園, 2019, p.1.

8) 光華女子学園阿部敏行学園長巻頭言「摂取不捨とSDGs」光華女子学園環境報告書 令和3年度版, 光華女子学園, 2022, p.1.

索引

数字・アルファベット

1.5℃ 16, 23
2℃目標 23
3R 90
30by30目標 152
2050年ビジョン 152
BOD 74
CO_2 11
COD 74
COP3 21
CSR 114
DSC 132
ELV指令 76
ESG 26
FIT制度 130
GHG 11
IEA 16
IPCC 14
IPCC評価報告書 14
ISO14001 109
IUCN 31
KES 117
LD_{50} 77
MDGs 192
PDCAサイクル 109
PM2.5 61
POPs 34
REACH規制 76
RoHS指令 76
SDGs 192
Society5.0 190
SSP 18
STEAM教育 190
UNCCD 62
UNCOD 62
UNEP 40, 57, 62
UNFCCC 21
VR 191

あ

愛知目標 150
アジェンダ21 21
足尾銅山鉱毒事件 68
イタイイタイ病 71
遺伝子組み換え規制法 30
奪われし未来 80
エコカー 162
エコツーリズム 144
エネルギーミックス 128
大阪ブルー・オーシャン・ビジョン
.... 105
汚染者負担原則 94
オゾン層 5
汚物掃除法 88
温室効果 16
温室効果ガス 11

か

カーボンニュートラル 25
海底熱水噴出孔 3
海洋プラスチック憲章 105
外来生物法 150, 153
化学的酸素供給量 74
拡大生産者責任 94
カルタヘナ議定書 30
カルタヘナ法 30, 153
感覚公害 68
環境影響 109
環境基本法 67, 89
環境側面 109
環境ホルモン 79

環境マネジメントシステム 108
カンクン合意 22
カンブリア爆発 6
企業の社会的責任 114
気候変動枠組条約 21
旧約聖書 9
共通だが差異ある責任の原則 21
京都環境マネジメントシステムスタンダード 117
京都議定書 21
キリバス 47
ケミカルリサイクル 90
原核生物 4
嫌気呼吸 4
原始真核生物 5
原始スープ 2
原始太陽系円盤 1
公害国会 72
公害対策基本法 72
黄砂 59
国際エネルギー機関 16
国際自然保護連合 31
国連環境計画 40, 57, 62
国連砂漠化会議 62
国連砂漠化対処条約 62
コペンハーゲン合意 21
コンポスト 174
昆明・モントリオール生物多様性枠組
 152

さ

サーキュラーエコノミー 106
サーティ・バイ・サーティ 31
サーベイランス 113
サーマルリサイクル 90
サヘル地域 55
サンシャイン計画 129
残留性有機汚染物質 34
シアノバクテリア 4
シーア・コルボーン 80

紫外線 5
色素増感太陽電池 132
自然選択 8
自然淘汰 8
持続可能な開発目標 192
シックハウス症候群 80
自動車NO_x・PM法 72
ジャイアント・インパクト 1
衆生 9
種の起源 8
種の保存法 40, 153
循環型社会形成推進基本法 88
食品リサイクル法 174
シリコン型太陽電池 131
真核生物 5
侵略的外来種 38
森林原則声明 21
森林法 136
水質汚濁防止法 74
ストロマトライト 4
スノーボールアース 7
スマートグリッド 168
スマートシティ 168
清掃法 88
生態系サービス 31
生物化学的酸素供給量 74
生物多様性国家戦略 30, 153
生物多様性条約 29, 40, 153
生物濃縮 34, 69
赤外線 16
ゼロカーボンシティ 26
相利共生 39

た

ダーバン・プラットホーム 22
第3回気候変動枠組条約締約国会議 ... 21
大気汚染防止法 72
体内動態 77
太平洋ごみベルト 102
大量絶滅 7

竹パウダー 142
ダストストーム 59
脱炭素経営 26
田中正造 69
地球温暖化 11
地球温暖化対策推進法 26
地球サミット 21
地球シミュレータ 18
チャールズ・ダーウィン 8
中国ショック 105
鳥獣保護法 153
ツバル 48
適正処分 90
典型7公害 68
ドードー 38
遠山正瑛 63
特定外来生物 150
土壌汚染対策法 76

な

内部監査 113
内分泌攪乱物質 79
新潟水俣病 70
二酸化炭素 11
日本沙漠緑化実践協会 63
ネイチャーポジティブ 31
ネットゼロ 26
ノーマン・マイヤーズ 147

は

廃棄物処理法 88
バイケミ農業 180
バリ・ロードマップ 21
パリ協定 23
ビオトープ 41
ビッグバン理論 1
ビッグファイブ 7
氷床コア分析 17

福島第一原発事故 23, 124
プライミング効果 173
プラスチック資源循環戦略 105
ベルクマンの法則 8
ペロブスカイト 132
ポスト京都議定書 21
ホットスポット 147

ま

マイクロプラスチック 104
マスキー法 161
マテリアルリサイクル 90
水俣条約 70
水俣病 69
ミレニアム開発目標 192
ミレニアム生態系評価 31, 62
無量寿経 9
メタン 13
モウソウチク 138

や

有機物循環 171
四日市ぜんそく 71
四大公害病 69

ら

ラムサール条約 29
リオ宣言 21
リサイクル 90
リデュース 90
リユース 90
レッドデータブック 31
レッドリスト 31

わ

ワシントン条約 29
ワンガリ・マータイ 182

著者略歴

高野拓樹（たかの ひろき）

京都光華女子大学 キャリア形成学部 学部長・教授（学長特別補佐）
京都市環境保全活動推進協会 理事
京都大学 学際融合教育研究推進センター 特任教授（～2024年3月）
四国大学 学際融合研究所 特別研究員

京都大学大学院理学研究科化学専攻修了後、本田技研工業株式会社に入社。二酸化炭素排出削減の観点から、自動車軽量材料に関する基礎研究に従事。現在、京都光華女子大学において、地域と連携した実践的環境教育を展開し、環境配慮のまちづくりに関する学際的研究を推進中。

博士（工学） 日本環境学会員

2016年3月30日	初 版	第1刷発行
2018年3月26日	初 版	第2刷発行
2025年4月12日	第2版	第1刷発行

地球環境クライシスⅡ
― 持続可能な未来への挑戦 ―

著　者　高野拓樹　©2025
発行者　橋本豪夫
発行所　ムイスリ出版株式会社

〒169-0075
東京都新宿区高田馬場 4-2-9
Tel.03-3362-9241(代表) Fax.03-3362-9145
振替 00110-2-102907

ISBN978-4-89641-343-4　C3051